特高压级联型混合直流输电运行与控制

赵静波　李保宏　江琴　编著

中国电力出版社
CHINA ELECTRIC POWER PRESS

内 容 提 要

直流输电工程的混合级联技术是世界首创的新技术，该技术使得混合级联直流自身控制特性较为复杂。本书分析了常规直流与柔性直流的不同控制方式，介绍了级联型混合直流的组合控制策略及级联型多端直流的运行策略，并针对白鹤滩直流故障特性提出了故障穿越策略。

全书共分 8 章，内容分别为：级联型混合直流站级控制特性；级联型混合直流 VSC 对 LCC 的影响；多落点级联混合直流 LCC 对 VSC 的影响；受端不同落点场景下多落点级联混合直流运行影响因素；多落点级联混合直流本体故障特性分析；多落点级联混合直流对受端系统稳定性影响分析；多落点级联混合直流故障穿越措施；多落点级联混合直流协调控制策略。

本书适合从事直流工程设计、建设、施工的科研人员使用，也可供高等院校师生使用。

图书在版编目（CIP）数据

特高压级联型混合直流输电运行与控制 / 赵静波，李保宏，江琴编著. —北京：中国电力出版社，2023.12

ISBN 978-7-5198-8302-7

Ⅰ.①特… Ⅱ.①赵… ②李… ③江… Ⅲ.①特高压输电-直流输电-研究 Ⅳ.① TM723

中国国家版本馆 CIP 数据核字（2023）第 215989 号

出版发行：中国电力出版社
地　　址：北京市东城区北京站西街 19 号（邮政编码 100005）
网　　址：http://www.cepp.sgcc.com.cn
责任编辑：崔素媛（010-63412392）
责任校对：黄　蓓　朱丽芳
装帧设计：王红柳
责任印制：杨晓东

印　　刷：廊坊市文峰档案印务有限公司
版　　次：2023 年 12 月第一版
印　　次：2023 年 12 月北京第一次印刷
开　　本：710 毫米 ×1000 毫米　16 开本
印　　张：12
字　　数：176 千字
定　　价：59.00 元

前言

2022年12月30日，白鹤滩—浙江±800kV特高压直流输电工程顺利竣工投产，标志着白鹤滩水电站电力外送通道工程全面建成。白鹤滩—江苏直流输电工程采用的LCC-VSC混合级联技术为世界首创，该技术在世界范围内暂无工程先例和经验可循，在白鹤滩—江苏工程投产前及投产后分析掌握其是否会造成电网运行控制风险等问题对电力系统稳定至关重要。本书针对白鹤滩—江苏直流的特殊结构以及罕见运行场景，基于相关研究成果与基础理论进行编撰，有利于电力系统领域相关人员了解并掌握该直流输电的运行特性及控制方式，促进直流输电的发展。

为厘清级联混合直流的基本特性，本书第1章撰写内容先从级联型混合直流站级控制特性出发，分析其可能的控制方式及影响。考虑到级联型混合直流受端系统中VSC与LCC并存，不同控制方式下两种换流设备影响机理不同，因此第2章与第3章进一步刻画了级联型混合直流VSC对LCC影响、级联型混合直流VSC对LCC影响等机理。

在明确级联型混合直流本体控制方式及相互影响机理后，考虑到级联型混合直流具备多落点结构，不同落点情况下其对交流系统影响机理也不同，因此第4章分析了受端不同落点场景下多落点级联混合直流运行影响因素。

在稳态影响机理分析的基础上，本书还分析了级联型混合直流的故障特性，包括第5章多落点级联混合直流本体故障特性分析、第6章多落点级联混合直流对受端系统稳定性影响分析，以及第7章多落点级联混合直流故障穿越措施。

最后，第8章基于相关控制与故障穿越策略设计了多落点级联混合直流协调控制策略。

前 言

本书由国网江苏电力科学研究院与四川大学的专家共同编写。在编写的过程中，感谢刘天琪教授对本书撰写的指导，感谢吴海艳、曾蕊、王相飞、聂畅对本书的贡献。

限于编者水平，不足之处请广大读者批评指正。

目录

目　录

第 1 章 级联型混合直流站级控制特性

我国能源分布情况与电力改革趋势决定了直流输电成为电网建设的重要方向，近年来国家电网公司和南方电网公司先后规划和建设完成多条直流线路。然而，目前常规直流（Line Commutated Converter based High Voltage Direct Current transmission, LCC−HVDC）换相失败风险较高，而柔性直流（Voltage Sourced Converter based High Voltage Direct Current transmission, VSC−HVDC）也存在容量较小且成本较高的不足。因此，结合常规LCC换流器与柔性VSC换流器的多落点级联混合直流成为我国直流输电的发展方向。多落点级联混合直流的整流侧采用LCC、逆变侧采用LCC与多个VSC级联，该系统充分利用VSC与LCC的优势，一方面通过受端VSC可稳定受端交流母线电压，降低LCC发生换相失败的概率；另一方面采用多个VSC并联以增加系统的输送容量。同时，LCC和VSC并联组的存在使受端具备了分散接入交流电网的条件，可形成满足多负荷中心用电需求的多落点形式，无论是在前期建设还是在后期运行中，都可以大大提高系统的灵活性和可靠性。然而，由于多落点级联混合直流受端存在多个VSC换流器，并与LCC换流器级联，使得混合级联直流具有多种控制方式组合且控制特性较为复杂，多落点级联混合直流系统灵活性的增加也带来其控制方式和多换流器间协调策略的复杂性。因此，研究级联混合直流系统的控制策略，分析受端换流器间的相互影响机理，掌握不同策略下混合级联型直流的控制特性，具有重要的意义。本章研究了多落点混级联合直流的控制策略，分析了受端换流器间的相互影响机理，得到了其在不同控制策略下的电压—电流曲线（U−I 曲线），并基于该曲线分析了不同控制策略的控制特性，包括低端VSC采取主从控制、下垂控制以及全部定直流电压控制策略的特性。

1.1 级联型混合直流拓扑结构

以单极为例，多落点级联混合直流拓扑结构如图 1-1 所示。整流站由 2 组 12 脉动 LCC 串联构成，逆变站由 1 组 12 脉动 LCC 和 VSC 并联组（VSC）串联构成，VSC 由 3 个半桥型 VSC 并联构成。整流侧 LCC 采用定直流电流控制，并配有最小触发角控制和低压限流控制；逆变侧 LCC 采用定熄弧角控制，并配有定直流电压控制、定直流电流控制、低压限流控制及电压偏差控制；VSC 采用主从控制，VSC1 采用定直流电压控制，为 400kV，VSC2 和 VSC3 采用定有功功率控制，为 677MW。多落点级联混合直流参数（正极）见表 1-1。

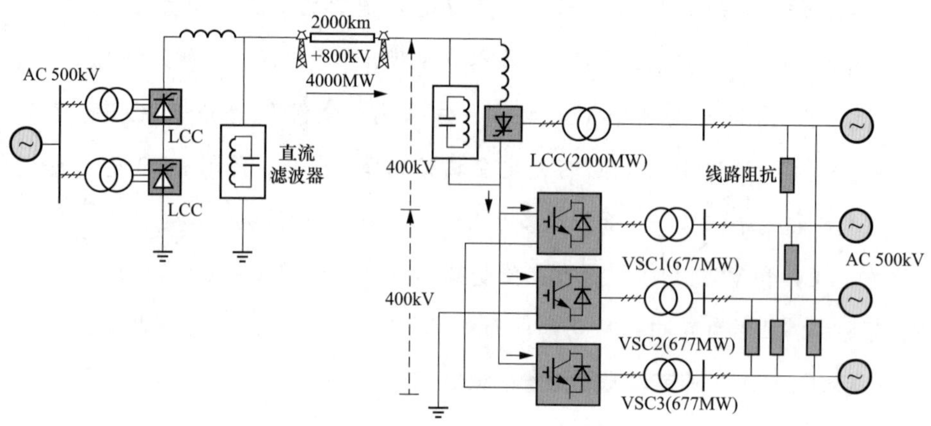

图 1-1 多落点级联混合直流拓扑结构（单极）

表 1-1 多落点级联混合直流参数（正极）

参数	LCC	VSC1	VSC2	VSC3
额定容量 /MW	2000	667	667	667
额定直流电压 /kV	+400	+400	+400	+400
交流母线电压 /kV	525	525	525	525
控制方式	定熄弧角	定直流电压	定有功功率	定有功功率
VSC 无功类控制	—	定无功功率	定无功功率	定无功功率
平波电抗器 /mH	150	100	100	100

续表

参数	LCC	VSC1	VSC2	VSC3
桥臂电抗 /mH	—	80	80	80
子模块电容值 /mF	—	2.472	2.472	2.472
子模块数 / 个	—	30	30	30
VSC 有功限幅	—	1.2p.u.	1.2p.u.	1.2p.u.
VSC 无功限幅		0.5p.u.	0.5p.u.	0.5p.u.
VSC 限幅优先级		有功优先	有功优先	有功优先
交流电压基准值 /kV	525			
直流电压基准值 /kV	800			

对于一个单极系统来说，直流电压为 800kV，输送额定功率为 4000MW。逆变侧高端 LCC 换流器额定电压与功率分别为 400kV 与 2000MW，低端 3 个 VSC 换流器额定电压与功率分别为 400kV 与 677MW。逆变侧的 LCC 换流站与 VSC 换流站串联后形成混合直流的 800kV 总额定电压并共同分担送端 LCC 站输送的功率；受端逆变站均馈入 500kV 交流系统不同地点。

1.2　LCC 控制策略分析

本节研究多落点级联混合直流整流侧 LCC、逆变侧 LCC 和 VSC 组的控制策略，明确级联混合直流的不同控制方式组合，为后续分析受端换流器间相互影响机理奠定基础。

LCC 控制策略包含两部分，即整流侧 LCC 控制策略和逆变侧 LCC 控制策略。对于典型的 800kV 两端常规直流输电系统，LCC-HVDC 整流侧和逆变侧的 U–I 特性曲线如图 1-2 所示。

在图 1-2 中，粗虚线表示整流侧 LCC 的 U–I 特性曲线，粗实线代表逆变侧 LCC 的 U–I 特性曲线，整流侧和逆变侧 LCC 各段控制模式见表 1-2。系统正常运行时工作在运行点，即处于整流侧定电流、逆变侧定电压或者定熄弧角的模式，U_d 和 I_d 分别为正常运行点下的直流电压和直流电流。为避免整流侧和逆变侧的定电流控制同时作用，两个定电流控制的参考值之间存在一个裕度 I_m。

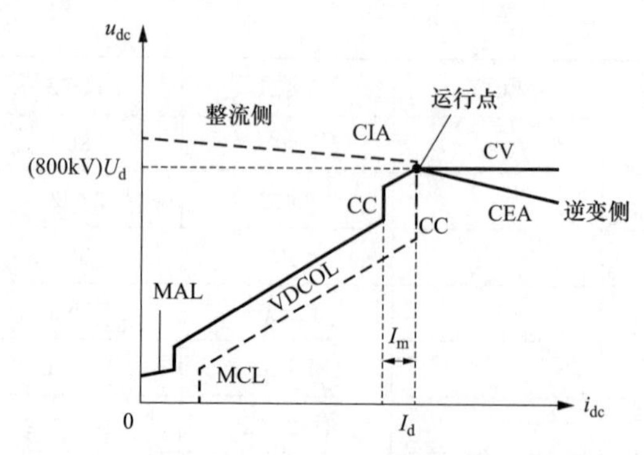

图 1-2　LCC-HVDC 整流侧和逆变侧的 U-I 特性曲线

表 1-2　　　　　　整流侧和逆变侧 LCC 各段控制模式

LCC	符号	控制模式
整流侧	CIA	定触发角控制
	CC	定电流控制
	VDCOL	低压限流控制
	MCL	最小电流控制
逆变侧	CV	定电压控制
	CEA	定熄弧角控制
	CC	定电流控制
	VDCOL	低压限流控制
	MAL	最小触发角控制

1.3　VSC 控制策略分析

VSC 的控制可分为有功类控制和无功类控制，有功类控制主要分两个方面：① 3 个 VSC 的有功功率与逆变侧高端 LCC 的功率相匹配；② 3 个 VSC 之间要实现合理的功率分配。无功类控制则根据实际需求，从降低逆变 VSC 发生换相失败风险和提高交流电压稳定性角度，可采用定交流电压控制。

VSC 采用基于 d-q 解耦的直接电流矢量控制，该控制方式分为内环电流控制和外环电压控制两部分，控制系统框图如图 1-3 所示。

外环控制主要分为有功类控制方式和无功类控制方式，有功类包括定直流电压控制和定有功功率控制，无功类包括定交流电压控制和定无功功率控制。

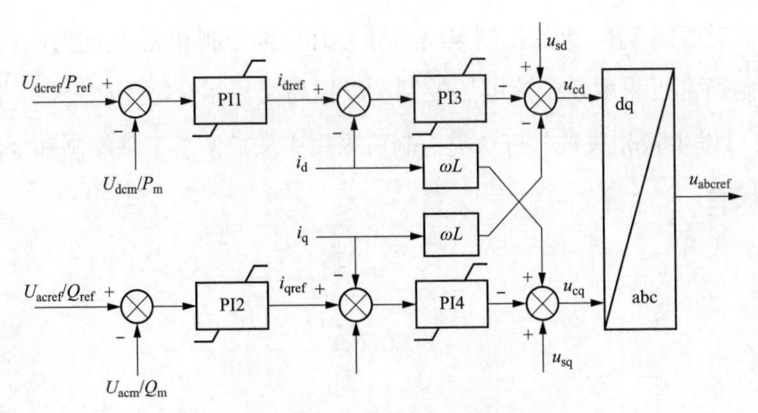

图 1-3　VSC 控制系统框图

有功类控制方面，由于 VSC 并联组在受端形成一个多端直流电网，理论上可以用于直流电网的控制策略均适用于 VSC 并联组，目前直流电网通常采用的控制策略包括下垂控制、主从控制、定直流控制、孤岛控制等，由于孤岛控制常用于连接无源网络，而多落点级联混合直流受端不是无源网络，因而孤岛控制不适用于 VSC 并联组。多落点级联混合直流 VSC 并联组可用的有功类控制策略组合见表 1-3。

表 1-3　　　　VSC 并联组有功控制组合

控制策略	VSC1	VSC2	VSC3
主从控制	定有功功率控制	定有功功率控制	定直流电压控制
下垂控制	下垂控制	下垂控制	下垂控制
定直流电压控制	定直流电压控制	定直流电压控制	定直流电压控制

1.4　本　章　小　结

根据本章内容分析，可以得出如下结论。

（1）整流侧 LCC 和逆变侧高端 LCC 采取常规控制策略，即整流侧采用定电流控制，并配有最小触发角控制；逆变侧采用定电压控制，并配有定熄弧角控制和定电流控制作为后备控制。此外两者都配有低压限流控制，逆变侧为防止控制模式之间频繁切换，还配有电流偏差和电压偏差控制。

（2）逆变侧 VSC 组的控制策略可分为有功类控制和无功类控制，其中无功类控制通常可采取定交流电压控制，以提高交流系统电压稳定性，抑制逆变侧 LCC 发生换相失败。有功类控制可采用主从控制、下垂控制和全部定直流电压控制。

第 2 章 级联型混合直流 VSC 对 LCC 的影响

由于多落点级联混合直流与常规直流的主要不同点在于逆变侧 VSC 并联组，因此本章分析了受端 VSC 采用不同控制方式下对 LCC 的影响机理，得到了多落点级联混合直流在不同控制策略下的电压—电流特性曲线。

2.1 VSC 并联组采用主从控制

当逆变侧 VSC 组采用主从控制方式时，由一个 VSC 承担直流电压控制的任务，另外两个 VSC 控制有功功率，由定直流电压站作为平衡节点维持整个系统功率平衡。

因为定直流电压站的存在，VSC 并联组表现出的 $U-I$ 外特性可表示为

$$u_{\mathrm{dc\_MMC}} = \frac{U_{\mathrm{d\_rated}}}{2} \tag{2-1}$$

式中 $u_{\mathrm{dc\_MMC}}$——定直流电压站控制的直流电压，其值为额定直流电压 $U_{\mathrm{d\_rated}}$= 800kV 的一半。

由于 VSC 组表现出这一外特性，对逆变侧 LCC 和整流侧 LCC 的 $U-I$ 特性曲线都会产生影响。下面将详细分析其造成的影响。

2.1.1 对逆变侧 LCC 的影响

对于逆变侧 LCC 的 CV 控制段、CEA 控制段、VDCOL 控制段和 MAL 控制段，逆变侧 LCC 直流电压表达式可列写为

$$u_{\mathrm{dc\_LCC}} = \frac{U_{\mathrm{d\_rated}}}{2} \tag{2-2}$$

$$u_{\mathrm{dc\_LCC}} = k'_{\mathrm{CEA}} i_{\mathrm{dc}} + U_{\mathrm{dc\_LCC}}^{\mathrm{CEA}}$$

$$u_{dc\_LCC} = k'_{VDCOL} i_{dc} + U_{dc\_LCC}^{VDCOL} \tag{2-3}$$

$$u_{dc\_LCC} = k'_{MAL} i_{dc} + U_{dc\_LCC}^{MAL} \tag{2-4}$$

式中　k'_{CEA}、k'_{VDCOL} 及 k'_{MAL}——分别为逆变侧 LCC 的 CEA 控制段、VDCOL 控制段和 MAL 控制段的斜率，上标“′”表示相关斜率是逆变侧 LCC 直流电压为 400kV 的值，即相关斜率为 800kV 额定电压值的一半；

$U_{dc\_LCC}^{CEA}$、$U_{dc\_LCC}^{VDCOL}$ 及 $U_{dc\_LCC}^{MAL}$——分别为各段控制曲线在 u_{dc} 轴的截距。

将式（2-1）～式（2-4）依次相加，可得到多落点级联混合直流逆变侧直流电压表达式，如式（2-5）和式（2-6）所示。

$$u_{dc} = u_{dc\_LCC} + u_{dc\_MMC} = U_{d\_rated} \tag{2-5}$$

$$u_{dc} = u_{dc\_LCC} + u_{dc\_MMC} = k'_{CEA} i_{dc} + U_{dc\_LCC}^{CEA} + \frac{U_{d\_rated}}{2} \tag{2-6}$$

$$u_{dc} = u_{dc\_LCC} + u_{dc\_MMC} = k'_{VDCOL} i_{dc} + U_{dc\_LCC}^{VDCOL} + \frac{U_{d\_rated}}{2} \tag{2-7}$$

$$u_{dc} = u_{dc\_LCC} + u_{dc\_MMC} = k'_{MAL} i_{dc} + U_{dc\_LCC}^{MAL} + \frac{U_{d\_rated}}{2} \tag{2-8}$$

主从控制模式下混合直流完整 U–I 特性曲线如图 2-1 所示，其中逆变侧 U–I 特性曲线为最左侧坐标系中粗实线。

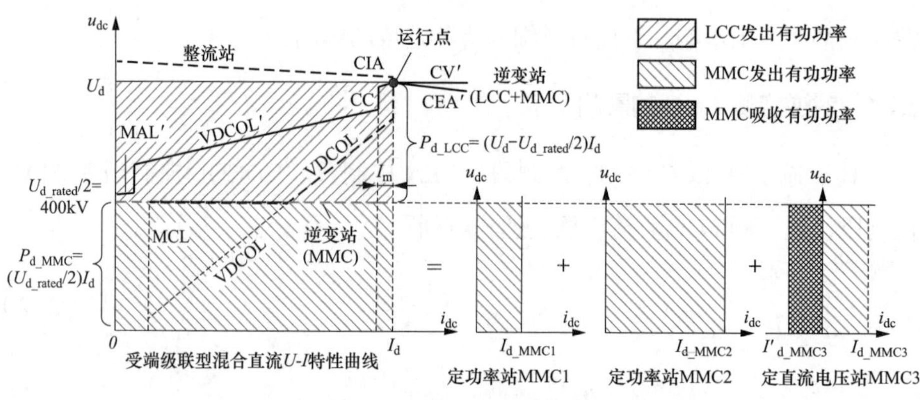

图 2-1　主从控制模式下混合直流完整 U–I 特性曲线

2.1.2　对整流侧 LCC 的影响

在整流侧特性曲线影响方面，由于 VSC 主要通过式（2-9）影响混合直流电压特性，且半桥 VSC 没有低压限流等特性，因此整流侧特性曲线为图 2-1 中最左侧坐标系中粗虚线。可见，在主从控制有一个 VSC 定直流电压的模式下，限制了整流侧电压的降低，使其 VDCOL 段截止于 400kV。

2.2　VSC 并联组采用下垂控制

当逆变侧 VSC 组全部工作在相同的下垂控制模式下，VSC 的有功功率和直流电压间的关系为

$$P_{dc\_MMC} - P_{ref\_MMC} + k_{droop}(u_{dc\_MMC} - U_{ref\_MMC}) = 0 \tag{2-9}$$

式中　k_{droop}——下垂系数；

P_{dc_MMC}——有功功率控制量；

P_{ref_MMC}——有功功率参考量；

u_{dc_MMC}——直流电压控制量；

U_{ref_MMC}——直流电压参考量。

由于 $P_{dc\_MMC}=i_{dc\_MMC}\times u_{dc\_MMC}$，式（2-9）可重新列写为

$$u_{dc\_MMC} = \frac{P_{ref\_MMC} - k_{droop}U_{ref\_MMC}}{i_{dc\_MMC} - k_{droop}} \tag{2-10}$$

下垂控制模式下混合直流完整 U–I 特性曲线如图 2-2 所示。由式（2-10）可以看出，下垂控制的 U–I 特性曲线是一个双曲函数，当式（2-10）中的参数和变量均采用标幺值时，在额定工作区间下垂控制的 U–I 特性曲线是一个曲线段，如图 2-2 最左侧坐标系中实线所示。

2.2.1　对逆变侧 LCC 的影响

与 2.1.1 节类似，将式（2-10）与式（2-11）～式（2-14）依次相加，可得到下垂控制模式下的级联混合直流逆变侧直流电压表达式。

$$u_{dc}=u_{dc\_LCC}+u_{dc\_MMC}=\frac{U_{d\_rated}}{2}+\frac{P_{ref\_MMC}-k_{droop}U_{ref\_MMC}}{i_{dc\_MMC}-k_{droop}} \tag{2-11}$$

$$u_{dc}=u_{dc\_LCC}+u_{dc\_MMC}=k'_{CEA}i_{dc}+U_{dc\_LCC}^{CEA}+\frac{P_{ref\_MMC}-k_{droop}U_{ref\_MMC}}{i_{dc\_MMC}-k_{droop}} \tag{2-12}$$

$$u_{dc}=u_{dc\_LCC}+u_{dc\_MMC}=k'_{VDCOL}i_{dc}+U_{dc\_LCC}^{VDCOL}+\frac{P_{ref\_MMC}-k_{droop}U_{ref\_MMC}}{i_{dc\_MMC}-k_{droop}} \tag{2-13}$$

$$u_{dc}=u_{dc\_LCC}+u_{dc\_MMC}=k'_{MAL}i_{dc}+U_{dc\_LCC}^{MAL}+\frac{P_{ref\_MMC}-k_{droop}U_{ref\_MMC}}{i_{dc\_MMC}-k_{droop}} \tag{2-14}$$

根据前述分析可得到下垂控制模式下多落点级联混合直流逆变侧 U–I 特性曲线，即图 2–2 中的曲线段。可见，在下垂控制作用下，原本各段直线控制部分均变成了曲线段。

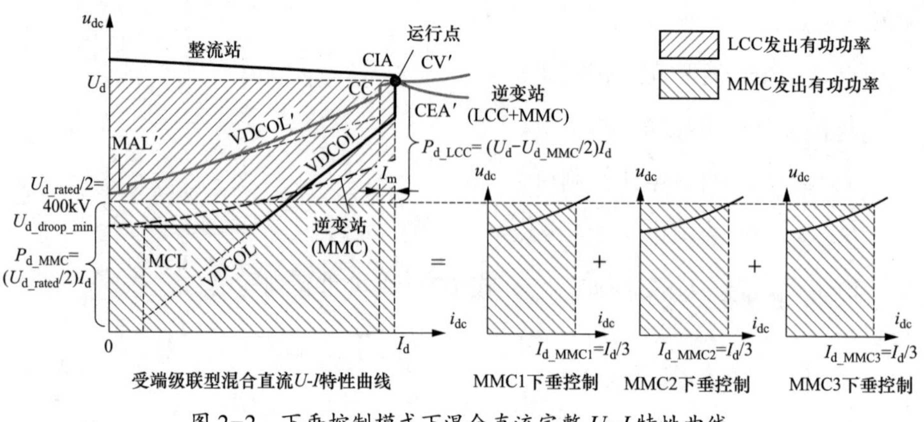

图 2–2　下垂控制模式下混合直流完整 U–I 特性曲线

2.2.2　对整流侧 LCC 的影响

下垂控制对整流侧 LCC 的 U–I 特性曲线影响与主从控制类似，差异在于主从控制模式下 LCC 最低直流电压由逆变侧 VSC 定直流电压站的参考值决定，即额定直流电压的一半；而下垂控制模式下最低直流电压由下垂控制允许的最低直流电压 $U_{d\_droop\_min}$ 决定。在半桥 VSC 结构下，$U_{d\_droop\_min}$ 通常不低于 0.85p.u.。下垂控制模式下整流侧 LCC 的 U–I 特性曲线如图 2–2 中实线①所示。

2.3　VSC 并联组采用定直流电压控制

由于 VSC 组采用并联方式，因此 VSC 组全部采用定直流电压控制方式的 $U\text{–}I$ 特性曲线与主从控制模式一致，如图 2-2 所示。两种控制方式的区别主要在于 VSC 组有功功率的分配，全部定直流电压控制的 VSC 组有功功率是均分的，而主从控制模式下由定直流电压站充当平衡节点维持系统功率平衡。

2.4　本　章　小　结

根据本章内容分析，可以得出如下结论。

（1）逆变侧 VSC 组的有功类控制可采用主从控制、下垂控制和全部定直流电压控制。其中主从控制是由一个 VSC 控制直流电压，另外两个 VSC 控制有功功率。主从控制模式下 VSC 组的 $U\text{–}I$ 特性曲线由定直流电压站的控制参考值决定，对逆变侧 LCC 的影响反映在 VDCOL 段截止于 VSC 定直流电压站的控制参考值，对整流侧 LCC 的影响与逆变侧类似。

（2）VSC 组采用下垂控制模式下，经过分析可知 VSC 组的 $U\text{–}I$ 特性曲线变为一个双曲函数，对 LCC 的影响反映在 VDCOL 控制段截止于下垂控制允许的最低直流电压 $U_{\mathrm{d\_droop\_min}}$，并使得逆变侧整体 $U\text{–}I$ 特性变为曲线段。

（3）VSC 组采用全部定直流电压控制模式下，级联混合直流整体 $U\text{–}I$ 特性曲线与主从控制模式类似，区别在于 VSC 组的功率分配，全部定直流电压模式下 VSC 的有功功率分配是不可控的，而主从控制模式由定直流电压站充当功率平衡节点。

第3章 多落点级联混合直流LCC对VSC的影响

通过前面得到的不同控制策略下多落点级联混合直流的$U-I$特性曲线，可以进一步对受端换流器间相互影响进行研究。在LCC对VSC的影响方面，VSC的外送有功功率虽然可以采取主从控制、下垂控制等实现有功功率在不同VSC换流站间进行分配，但是其总的外送有功功率实际受制于送端LCC的有功功率或者电流指令。因此，本章主要通过改变LCC的功率指令值，研究LCC对采用不同控制方式VSC的影响机理。

3.1 VSC并联组采用主从控制

当多落点级联混合直流工作在主从控制方式时，逆变侧由一个VSC控制直流电压，逆变侧高端LCC的电压也被确定，而逆变侧高端LCC的电流指令取决于整流侧传输的功率大小，因而逆变侧高端LCC的有功功率取决于整流侧。同时，对于逆变侧VSC组来说，VSC组的有功功率与高端LCC之和需要与整流侧LCC输送功率相匹配。对处于定直流电压控制的VSC来说，有功功率取决于整流侧LCC输送功率和定有功功率控制VSC的参考值。

若整流侧LCC的有功参考值突然降低，而处于定有功功率控制的VSC参考值维持在一个较大的值不变，则处于定有功功率控制的VSC可能会转变为整流状态，从所连接的交流系统吸收有功功率，以满足两个定有功功率控制VSC的功率需求。

主从控制方式下整流侧LCC有功参考变化时的VSC特性如图3-1所示。

在图3-1中，LCC原始参考指令I_{d_LCC}突然变化至新的参考值I'_{d_LCC}，这使得定直流电压控制的VSC3有功功率由一个正值I_{d_VSC3}转化到负值I'_{d_VSC3}。VSC3通过转化为整流器保证另外两个VSC处于定有功功率控制方式。

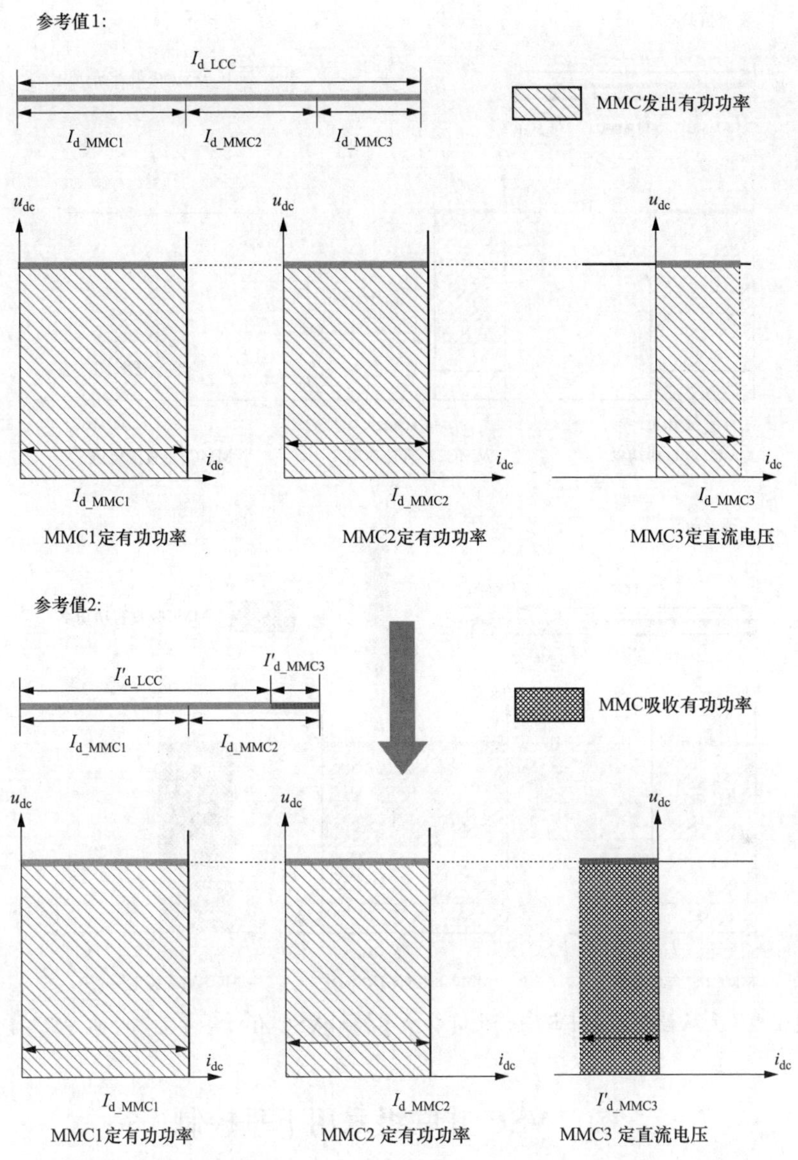

图 3-1　主从控制方式下整流侧 LCC 有功参考变化时的 VSC 特性

另外一种情况，当整流侧 LCC 的功率指令不发生变化，而定有功功率控制的一个 VSC，如 VSC2 的有功功率参考值变化为一个相对更大的值，这种情况下，处于定直流电压控制的 VSC3 同样会转变为整流状态运行，原因是 VSC 组的总有功功率仍要与 LCC 保持匹配。主从控制方式下逆变侧定有功功率控制 VSC 有功参考变化时的 VSC 特性如图 3-2 所示。

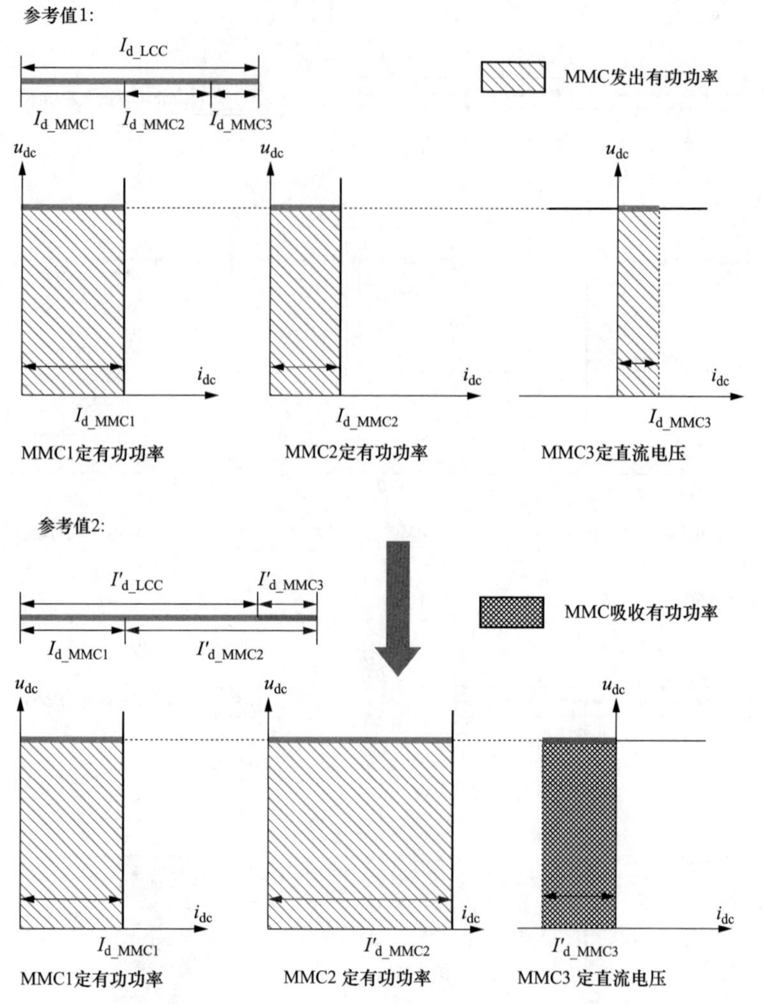

图 3-2 主从控制方式下逆变侧定有功功率控制 VSC 有功参考变化时的 VSC 特性

3.2 VSC 并联组采用下垂控制

若多落点级联混合直流处于下垂控制方式，当整流侧 LCC 功率参考值变化时，逆变侧 VSC 组不会转换为整流运行。但整流侧 LCC 功率指令降低时会通过下垂控制作用引起 VSC 直流电压降低。下垂控制方式下逆变侧 VSC 有功参考变化时的 VSC 特性如图 3-3 所示。

在图 3-3 中，VSC 组每一个 VSC 的有功功率参考值是相等的，均为 1/3 的 LCC 逆变器功率参考值。当 LCC 的功率指令值降低时，为维持功率匹配，

3 个 VSC 将减小其输出功率，根据下垂控制特性曲线可知，直流电压也将降低。这也表明，VSC 组采用下垂控制方式时，当 LCC 功率指令值发生变化时，将引起直流电压的波动，VSC 无法准确控制其直流电压。

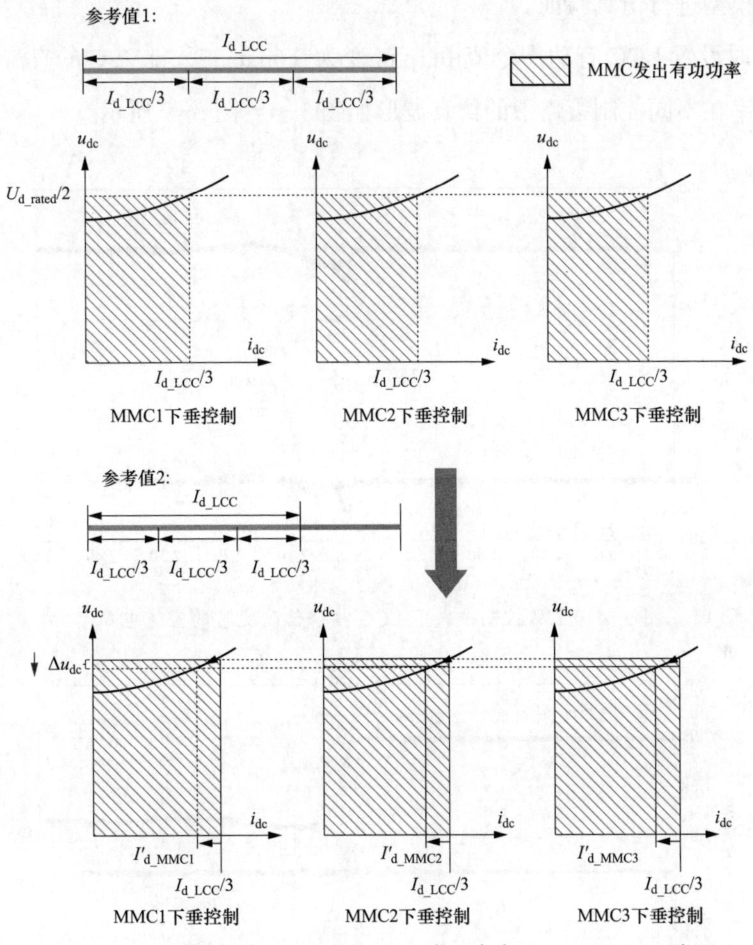

图 3-3　下垂控制方式下逆变侧 VSC 有功参考变化时的 VSC 特性

3.3　VSC 并联组采用定直流电压控制

对于定直流电压控制策略，半桥结构 VSC 的直流电压恒定，逆变侧 VSC 组输出的有功功率由整流侧 LCC 决定，当 LCC 功率指令值降低，VSC 直流电压可保持为额定值，但各台 VSC 需减小其输出的有功功率以维持功率平衡。

3.4 仿 真 分 析

为验证理论分析的正确性，在 PSCAD/EMTDC 软件中建立多落点级联混合直流模型进行仿真验证。

2s 时设置 LCC 有功指令值由 1p.u. 变为 0.6p.u.，受端 VSC 的直流电压和有功功率在不同控制策略下的仿真波形如图 3-4～图 3-9 所示。

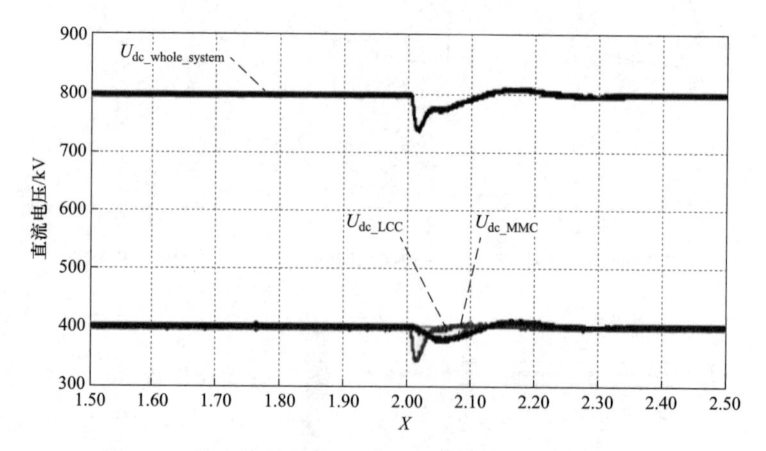

图 3-4　主从控制方式下 LCC 指令值改变时的直流电压

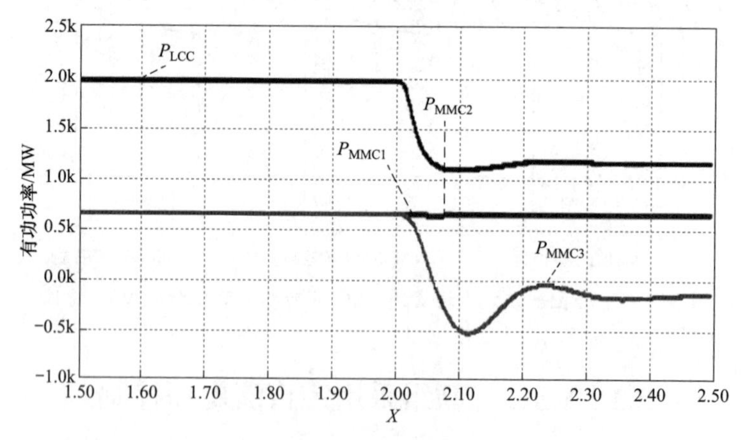

图 3-5　主从控制方式下 LCC 指令值改变时的有功功率

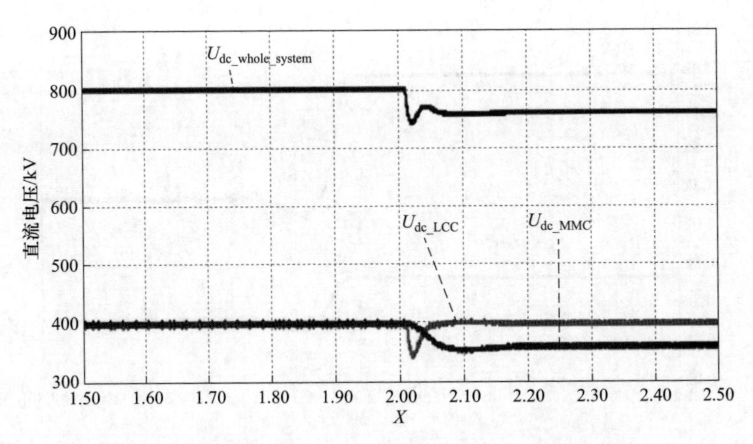

图 3-6　下垂控制方式下 LCC 指令值改变时的直流电压

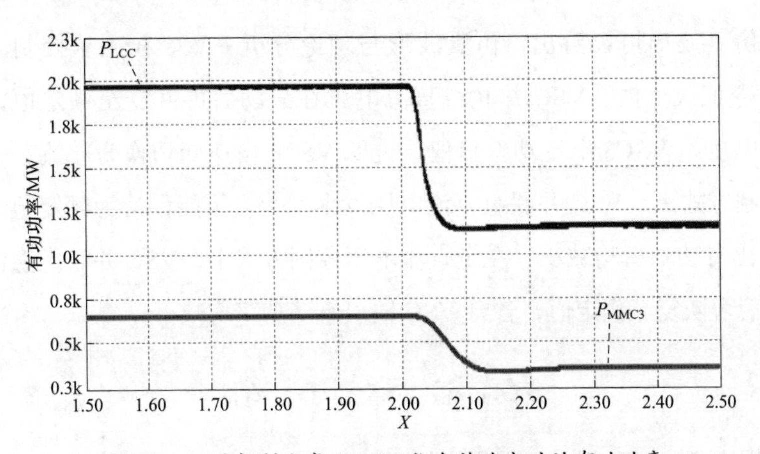

图 3-7　下垂控制方式下 LCC 指令值改变时的有功功率

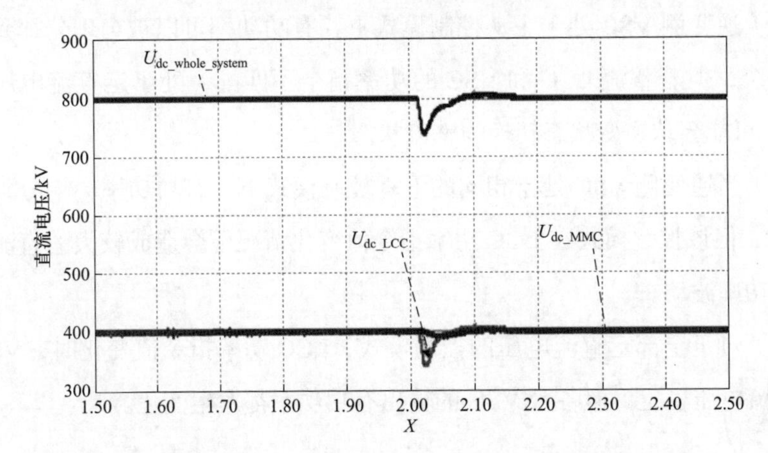

图 3-8　定直流电压方式模式下 LCC 指令值改变时的直流电压

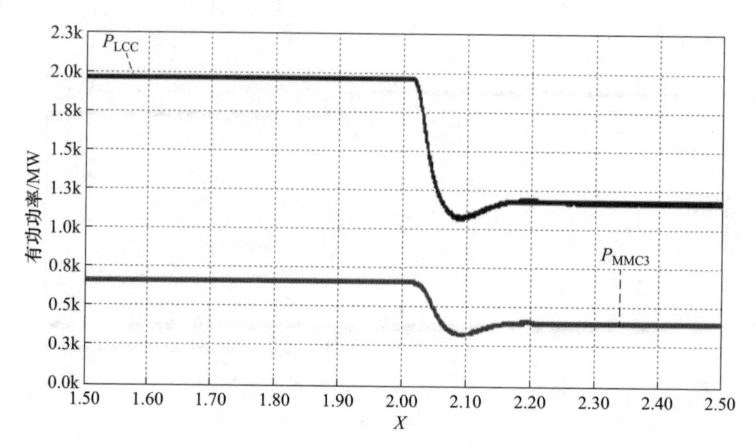

图 3-9　定直流电压控制方式下 LCC 指令值改变时的有功功率

由仿真波形可以看出，仿真波形与理论分析一致。在主从控制方式下 LCC 指令值改变时，VSC 并联组直流电压在波动后可恢复至额定值，但是定直流电压站 VSC3 出现功率负值，说明 VSC3 由逆变切换为整流运行；在下垂控制方式下，VSC 并联组直流电压发生变化，不能保持为额定值，各台 VSC 输出有功功率均减小；在定直流电压控制方式下，VSC 并联组直流电压在波动后可恢复至额定值，各台 VSC 输出有功功率均减小。

3.5　本　章　小　结

根据本章内容分析，可以得出如下结论。

（1）逆变侧 VSC 处于主从控制模式下，有功功率可以被合理分配到不同交流系统，但若整流 LCC 和 VSC 的功率指令不匹配，处于定直流电压控制的 VSC 可能会从逆变状态转换为整流状态。

（2）当逆变侧 VSC 处于相同的下垂控制模式下，有功功率会均分到每一个 VSC，但该控制模式在 LCC 功率指令值变化情况下会造成较大的直流电压和有功功率波动。

（3）对于全部定直流电压的控制模式，LCC 功率指令值变化时，VSC 可保持直流电压稳定，但各台 VSC 的输出有功功率都发生变化。

第4章
受端不同落点场景下多落点级联混合直流运行影响因素

本章主要研究受端不同落点场景下多落点级联混合直流运行影响因素，考虑LCC功率水平、VSC控制方式等内部因素以及电气距离、系统强度等外部因素等受端不同落点场景下对混合直流运行影响研究，分析了不同场景的多落点结构对系统的要求。

4.1 内部因素在受端不同落点场景下对混合直流运行影响

本节通过级联混合直流的静态特性、动态特性和暂态特性，研究在LCC的不同功率水平及VSC的不同控制方式组合下混合直流系统的运行特性。

4.1.1 不同控制方式下有功功率分配的静态特性分析

对于直流系统来说，直流电压和有功功率的稳态分析是静态特性研究的重要方面，对于级联混合直流系统来说，有功功率的分配特性可分为两个方面，一是高端LCC逆变器和低端VSC组的有功分配；二是VSC组内的有功分配。

1. 主从控制

主从控制模式下混合直流完整*U–I*特性曲线如图4–1所示。当系统运行在图中运行点时，逆变侧LCC和VSC组的有功功率分别为上方的右斜阴影矩形和下方的左斜阴影矩形。可以看出，当系统运行点移动时，上方的右斜阴影矩形区域面积会同时受到直流电压U_d和直流电流I_d的影响，而下方的左斜阴影区域，由于VSC并联组的直流电压固定在U_{d_rated}=400kV，所以左斜阴影区域面积仅受到直流电流I_d的影响。这表明当系统控制模式发生切换时，逆变侧LCC有功功率的变化相较于VSC更大。且只要直流电流不降至0，VSC即可保证一定的功率传输。

对于VSC组内的有功分配，主从控制方式下，两个定有功功率控制的

VSC 输出有功功率恒定，定直流电压站充当功率平衡节点，使得 3 个 VSC 的总有功功率与高端 LCC 功率匹配。在图 4-1 右半部分，VSC1 和 VSC2 均为定有功功率控制方式，VSC3 为定直流电压控制方式，阴影区域表示输出有功功率，正常情况下 3 个 VSC 的左斜阴影区域面积之和等于图 4-1 左图下方的左斜阴影区域，方块阴影区域表示 VSC3 转为整流站吸收有功功率。

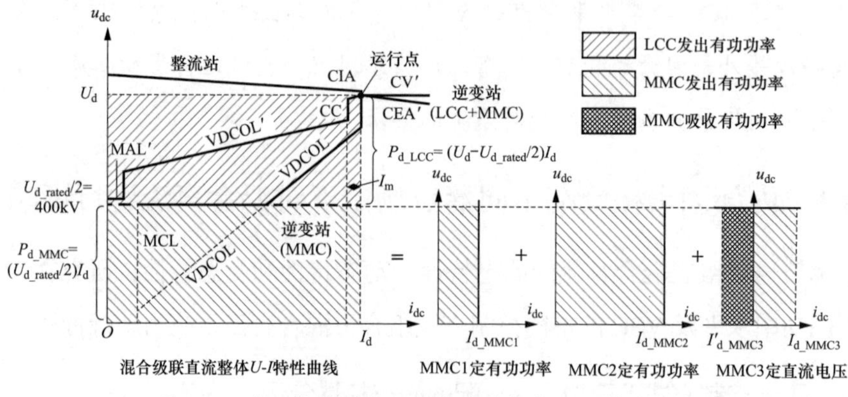

图 4-1　主从控制模式下混合直流完整 $U-I$ 特性曲线

2. 下垂控制

下垂控制模式下混合直流完整 $U-I$ 特性曲线如图 4-2 所示，逆变侧高端 LCC 和低端 VSC 组在下垂控制方式下的有功分配特性与主从控制方式相似，逆变侧高端 LCC 和 VSC 组的有功输出依然用上方的右斜阴影面积和下方左斜阴影面积表示，区别在于 VSC 并联组可达到一个更低的直流电压 $U_{d\_droop\_min}$。

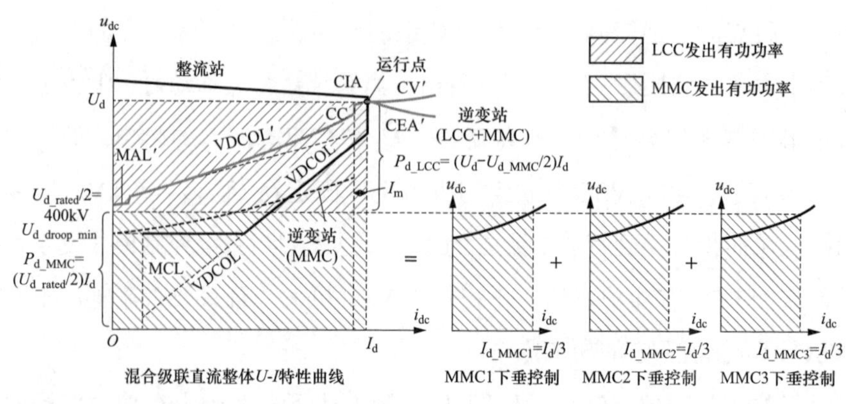

图 4-2　下垂控制模式下混合直流完整 $U-I$ 特性曲线

对于 VSC 组内的有功分配，由下垂控制特性可知，有功功率在每个 VSC 之间的分配由下垂系数决定，当采用相同的下垂控制时，有功功率在 3 个 VSC 之间是平均分配的。且在下垂控制模式下，VSC 不会转为整流站运行，下垂控制保证了 VSC 组处于逆变状态。

3. 定直流电压控制

当 3 个 VSC 均采用定直流电压控制方式时，逆变侧高端 LCC 和低端 VSC 组的有功分配特性与主从控制方式相同。而 VSC 组内的有功分配特性与下垂控制模式方式相似。尽管定直流电压控制模式无法控制潮流流向，但 VSC 不会由逆变转为整流运行，原因在于只要整流侧 LCC 的功率为正，即整流侧保证为整流运行，分配到 VSC 并联组的有功功率总为正值。

4.1.2　不同控制方式下动态特性分析

由于 3 个 VSC 分散馈入不同的交流系统，所以当有功功率参考值调整时，系统的动态性能良好与否，决定了跟踪性能的好坏。

1. 主从控制

当多落点级联混合直流工作在主从控制方式时，逆变侧由一个 VSC 控制直流电压，逆变侧高端 LCC 的电压也被确定，而逆变侧高端 LCC 的电流指令取决于整流侧传输的功率大小，因而逆变侧高端 LCC 的有功功率取决于整流侧。同时，对于逆变侧 VSC 组来说，VSC 组的有功功率与高端 LCC 之和要与整流侧 LCC 输送功率相匹配。对处于定直流电压控制的 VSC 来说，有功功率取决于整流侧 LCC 输送功率和定有功功率控制 VSC 的参考值。这里需要重点研究的是，什么情况下，处于定直流电压控制的 VSC 会从逆变状态转变为整流状态，逆变侧 VSC 一旦转变为整流状态，将极大降低所连接交流系统的稳定性。

（1）主从控制方式下整流侧 LCC 有功参考变化。若整流侧 LCC 的有功参考值突然降低，而处于定有功功率控制的 VSC 参考值维持在一个较大的值不变，则处于定有功功率控制的 VSC 可能会转变为整流状态，从所连接的交流系统吸收有功功率，以满足两个定有功功率控制 VSC 的功率需求。这种情况如图 4-3 所示。

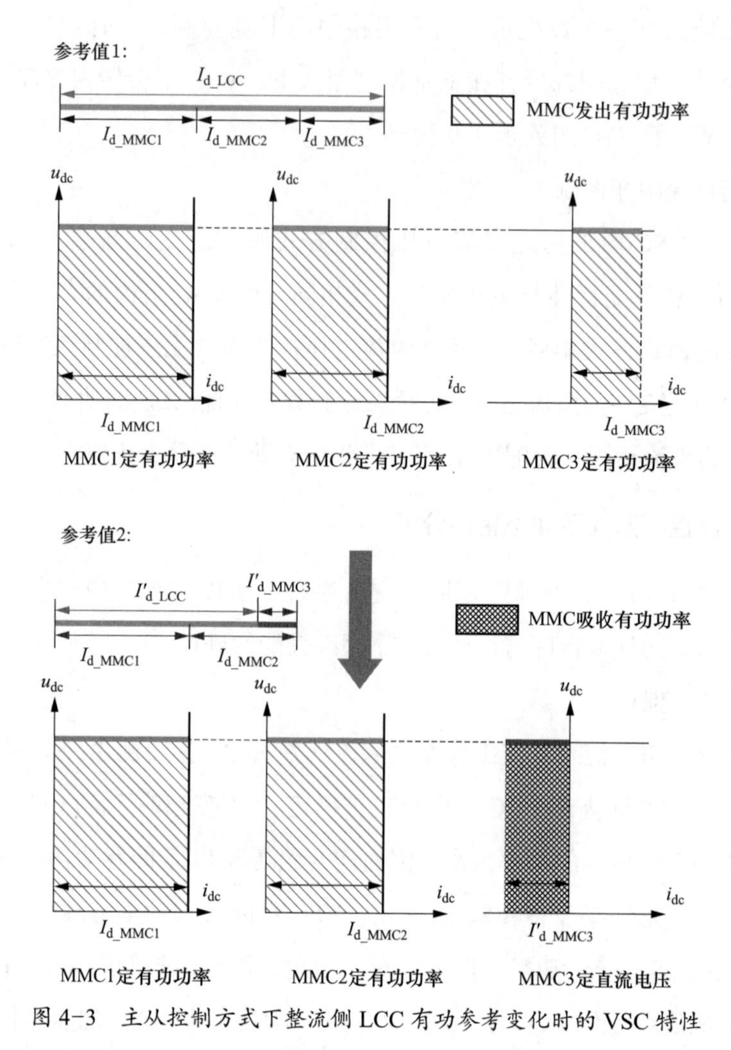

图 4-3　主从控制方式下整流侧 LCC 有功参考变化时的 VSC 特性

在图 4-3 中，LCC 原始参考指令 I_{d_LCC} 突然变化至新的参考值 I'_{d_LCC}，这使得定直流电压控制的 VSC3 有功功率由一个正值 I_{d_VSC3} 转化到负值 I'_{d_VSC3}。VSC3 通过转化为整流器保证另外两个 VSC 处于定有功功率控制方式。

（2）主从控制方式下逆变侧定有功功率控制 VSC 有功参考变化。当整流侧 LCC 的功率指令不发生变化，而定有功功率控制的一个 VSC，如 VSC2 的有功功率参考值变化为一个相对更大的值，这种情况下，处于定直流电压控制的 VSC3 同样会转变为整流状态运行，原因是 VSC 组的总有功功率仍要与

LCC 保持匹配。这种情况如图 4-4 所示。

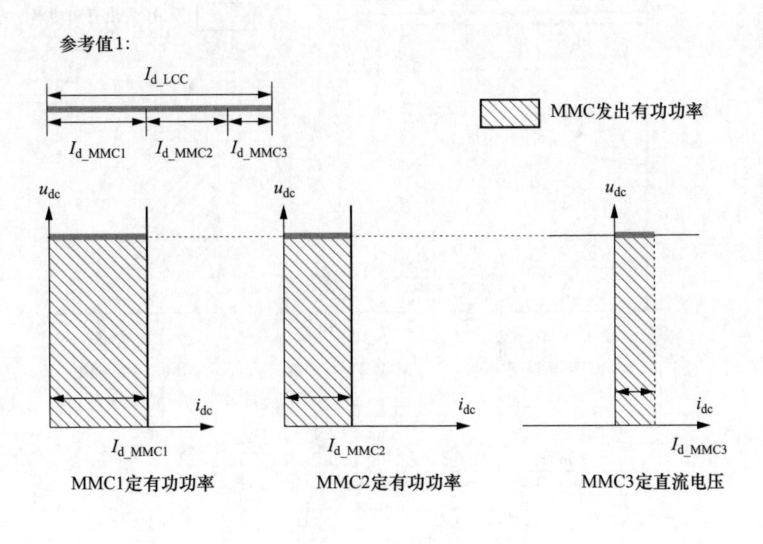

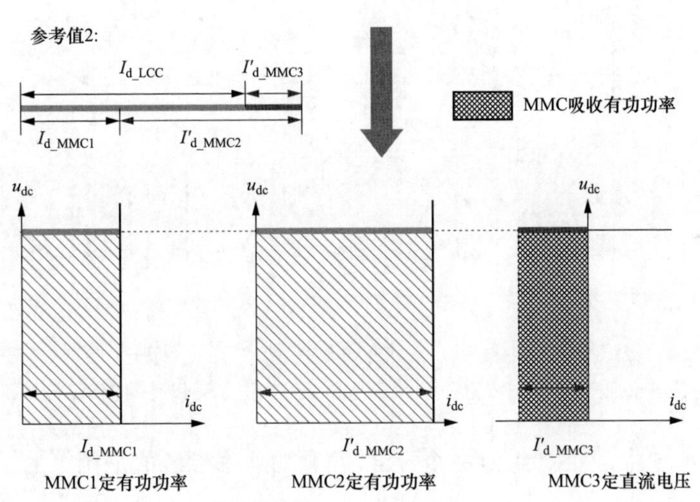

图 4-4　主从控制方式下逆变侧定有功功率控制 VSC 有功参考变化时 VSC 特性

2. 下垂控制

若多落点级联混合直流处于下垂控制方式，当整流侧 LCC 功率参考值变化时，逆变侧 VSC 组不会转换为整流运行，但整流侧 LCC 功率指令降低时会通过下垂控制作用引起 VSC 直流电压降低，且一个 VSC 的有功功率参考降低会引起 VSC 直流电压的升高。下垂控制方式下逆变侧 VSC 有功参考变化时的 VSC 特性如图 4-5 所示。

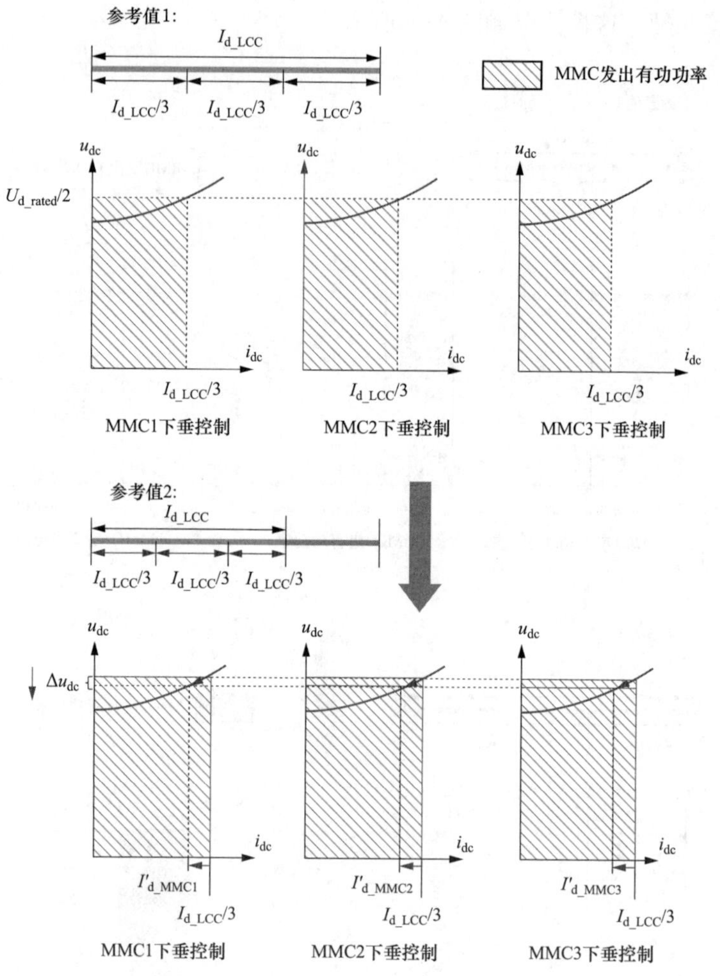

图 4-5　下垂控制方式下逆变侧 VSC 有功参考变化时的 VSC 特性

在图 4-5 中，VSC 组每一个 VSC 的有功功率参考值是相等的，均为 1/3 的 LCC 逆变器功率参考值。当 LCC 的功率指令值降低时，为维持功率匹配，3 个 VSC 将减小其输出功率，根据下垂控制特性曲线可知，直流电压也将降低。这也表明，VSC 组采用下垂控制方式时，当 LCC 功率指令值发生变化时，将引起直流电压的波动，VSC 无法准确控制其直流电压。

3. 定直流电压控制

对于定直流电压控制策略，半桥结构 VSC 的直流电压恒定，逆变侧 VSC 组的有功功率由整流侧 LCC 决定，其控制特性与传统的混合直流相似。

4.1.3　交流故障情况下的暂态特性分析

由于故障发生在整流侧和逆变侧的暂态特性是不同的，下面的分析将基于这两部分展开，下垂控制的结果与主从控制模式类似，因此此处仅给出主从控制的分析结果。

1. 逆变侧交流故障

当交流故障发生在逆变侧，逆变侧 LCC 易发生换相失败，逆变侧 LCC 的控制将转换为定熄弧角控制，整流侧 LCC 控制转换为定直流电流控制或低压限流（VDCOL）控制，系统运行点随整流侧电流值向左移动，直流电压也会降低。交流故障发生在逆变侧时的系统暂态特性如图 4-6 所示。

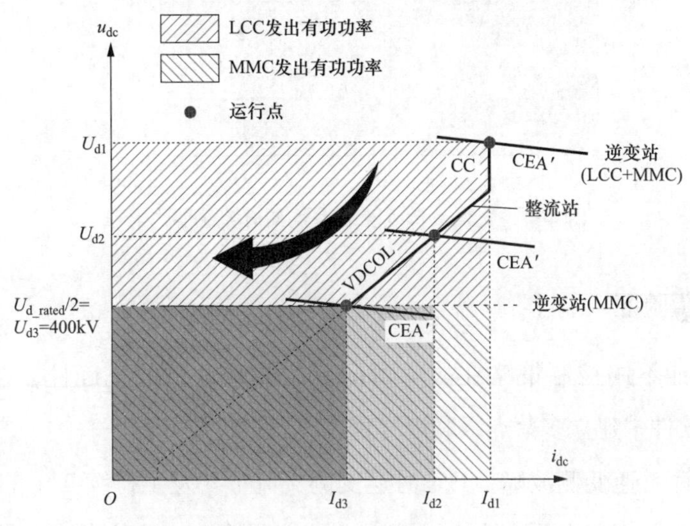

图 4-6　交流故障发生在逆变侧时的系统暂态特性

值得注意的是，主从控制模式下 VSC 直流电压不会降低到 0，在最严重情况下，混合级联直流会维持在一半额定值的直流电压，即工作在整流侧的 VDCOL 段。假设故障条件下 VSC 不闭锁，此时非零的直流电流使得 VSC 仍具备一定的功率传输能力；若 VSC 闭锁，整个混合级联直流系统将会停止功率传输。

2. 整流侧交流故障

整流侧发生交流故障时往往不会导致逆变侧 LCC 发生换相失败，与常规直流系统相似，当整流侧发生交流故障时，整流侧 LCC 转换为定触发角控制，逆变侧 LCC 转换为定电流控制和 VDCOL 控制，运行点同样向左移动，直流电压降低。交流故障发生在整流侧时的系统暂态特性如图 4-7 所示。

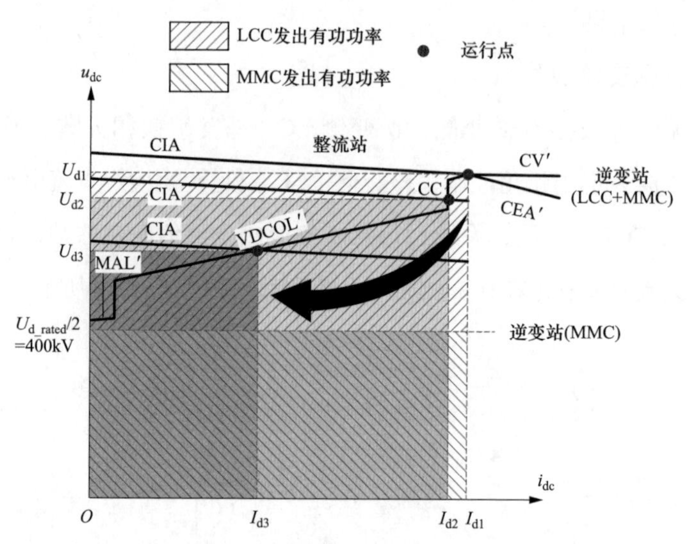

图 4-7　交流故障发生在整流侧时系统暂态特性

4.1.4　仿真验证

为验证不同控制策略在故障情况下的理论分析的正确性，在 PSCAD/EMTDC 软件中建立多落点级联混合直流模型进行仿真验证。

首先针对逆变侧故障，1.5s 时逆变侧交流母线发生持续 0.1s 的单相接地故障。逆变侧直流电压和有功功率在不同控制策略下的仿真波形如图 4-8～图 4-13 所示。

通过图 4-8、图 4-10 和图 4-12 可以看出，由于逆变侧 VSC 的存在，无论采取主从控制、下垂控制还是定电压控制，级联混合直流系统直流电压都不会降至 0，而下垂控制的直流电压和有功功率波动要更大一些，这是由下垂控制模式下系统的 $U-I$ 特性曲线决定的。主从控制模式下 VSC1 出现功率负值，说明逆变侧 VSC1 转换为整流运行。定直流电压控制模式下有一个相对较小的扰动存在，原因是所有的 VSC 均作为平衡节点运行。

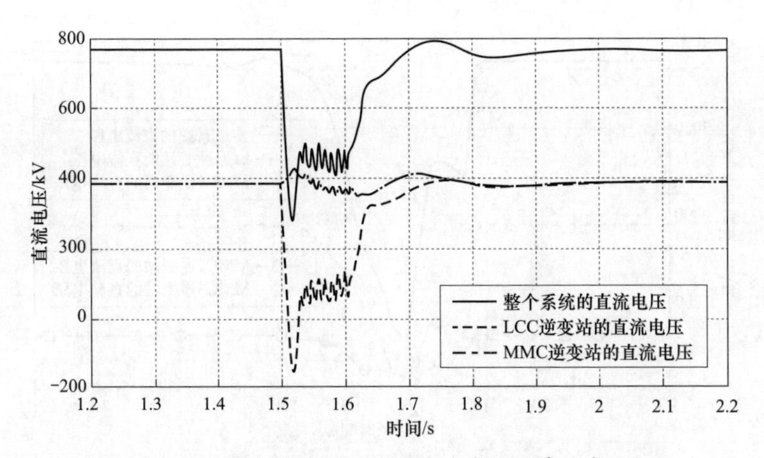

图 4-8　主从控制方式下逆变侧发生交流故障时直流电压

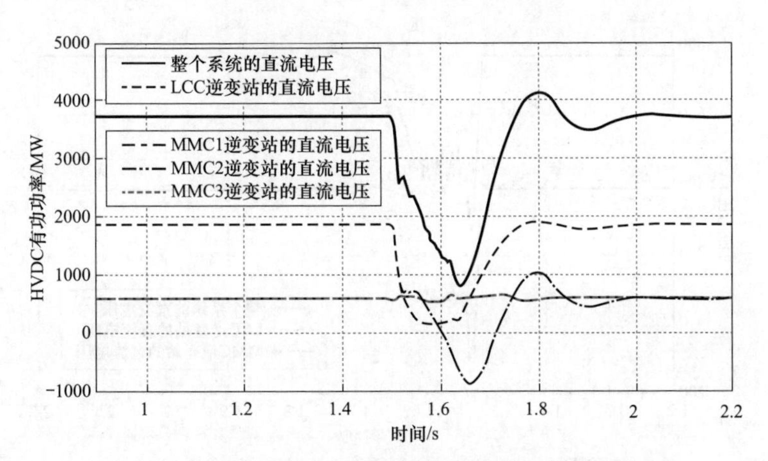

图 4-9　主从控制方式下逆变侧发生交流故障时有功功率

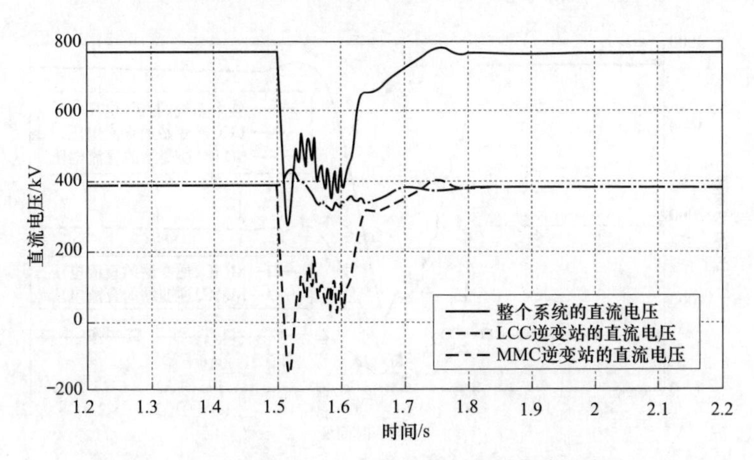

图 4-10　下垂控制方式下逆变侧发生交流故障时直流电压

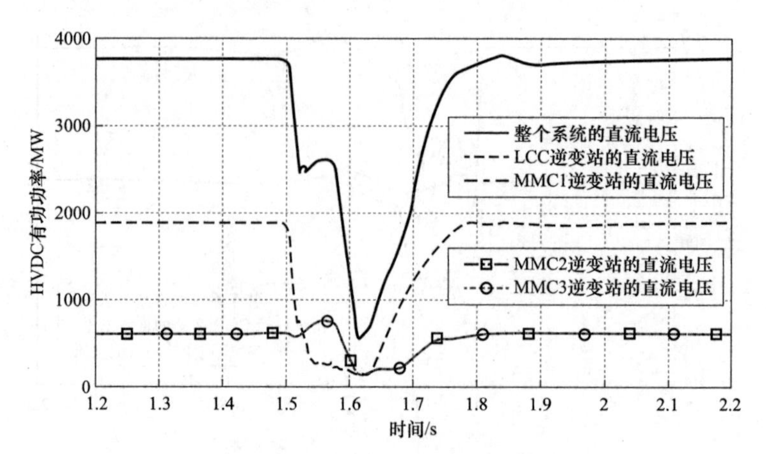

图 4-11 下垂控制方式下逆变侧发生交流故障时有功功率

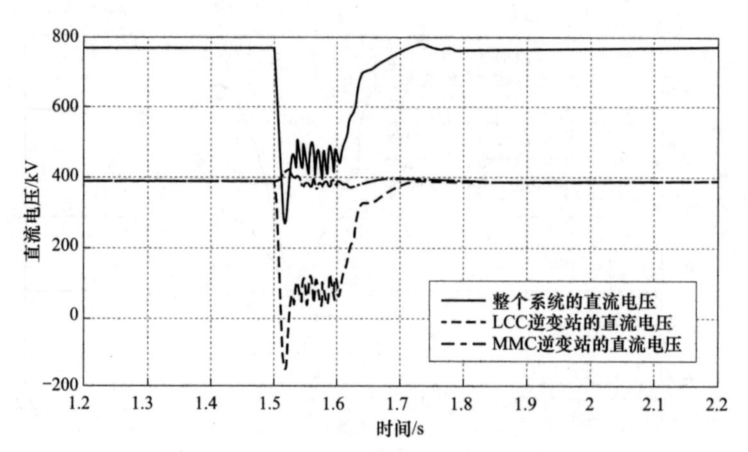

图 4-12 定直流电压方式模式下逆变侧发生交流故障时直流电压

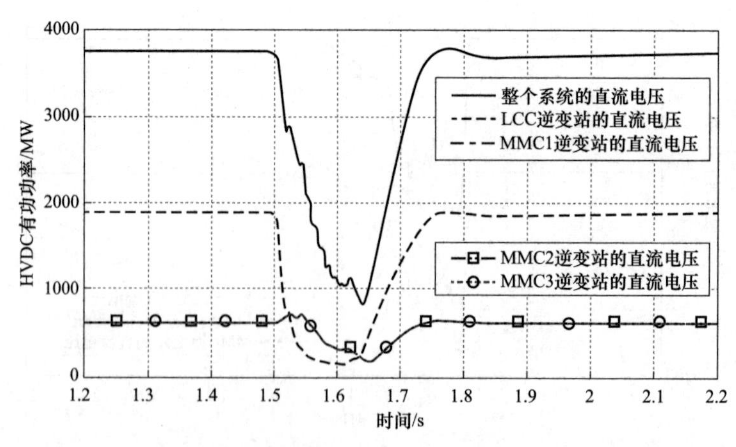

图 4-13 定直流电压控制方式下逆变侧发生交流故障时有功功率

4.2　级联型混合直流馈入系统强度影响分析

4.2.1　控制方式对 MMC 等效电流源的影响

级联型混合直流系统的 MMC（Modular Multilevel Converter，模块化多电平换流器）控制系统采用了内、外环控制方案，外环功率控制器的主要作用是采用矢量控制将有功类控制目标和无功类控制目标解耦，得到内环电流控制器的有功、无功电流参考值 i_{dref} 和 i_{qref}，内环电流控制器的主要作用是根据 i_{dref} 和 i_{qref} 调整 MMC 的上、下桥臂的差模电压，保证交流侧电流能快速追踪参考电流，实现对换流站功率或电压等电气量的控制。基于矢量控制的 MMC 控制系统如图 4-14 所示。

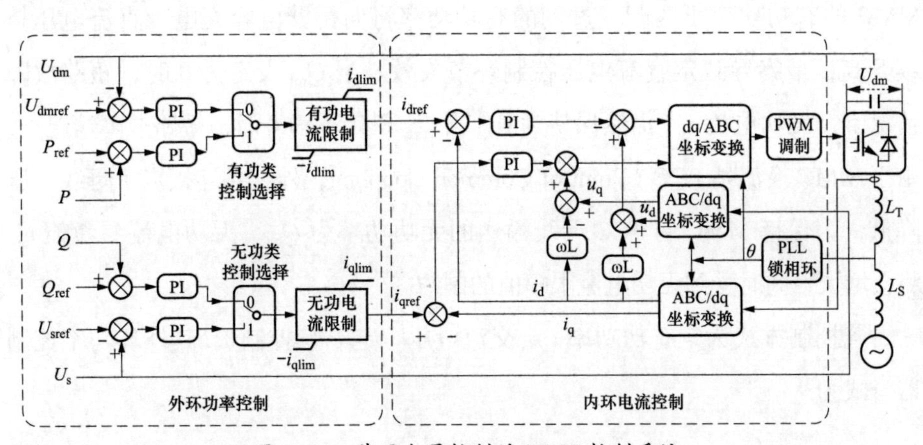

图 4-14　基于矢量控制的 MMC 控制系统

根据控制目标的不同，外环功率控制器的控制方式分为有功类控制和无功类控制两类，其中有功类控制包括定有功功率控制和定直流电压控制，无功类控制包括定无功功率控制和定交流电压控制。

系统正常稳定运行时，根据给定的控制方式、有功和无功类参数，MMC 对交流系统提供的电流也是固定的。当 MMC 采用定直流电压 / 定无功功率控制（定 U_d/Q 控制）时，功率控制器的数学模型为

$$\begin{cases} i_{\text{dref}} = K_{\text{dp}}(U_{\text{dmref}} - U_{\text{dm}}) + K_{\text{di}}\int(U_{\text{dmref}} - U_{\text{dm}})\,\mathrm{d}t & i_{\text{dref}} \leqslant i_{\text{dlim}} \\ i_{\text{qref}} = K_{\text{qp}}(Q_{\text{ref}} - Q) + K_{\text{qi}}\int(Q_{\text{ref}} - Q)\,\mathrm{d}t & i_{\text{qref}} \leqslant i_{\text{qlim}} \end{cases} \tag{4-1}$$

式中 i_{dref}、i_{qref}——分别为由外环功率控制器得到的有功电流和无功电流参考值；

K_{dp}、K_{di}——分别为定直流电压控制器的比例系数和积分系数；

K_{qp}、K_{qi}——分别为定无功功率控制器的比例系数和积分系数；

U_{dmref}——直流电压参考值；

Q_{ref}——无功功率参考值。

系统发生三相短路故障后，直流电压迅速升高，由式（4-1）可知，此时参考电流 i_{dref} 将会持续升高，受到有功电流限幅值 i_{dlim} 的影响，输入和输出 MMC 的有功功率不匹配，过剩的有功功率将向桥臂电容充电，直流电压持续升高，最终导致定直流电压控制环节失效。当 Q_{ref} 设定为 0 时，短路故障情况下，无功电流 i_{qref} 仍然保持为 0；当 Q_{ref} 设定不为 0 时，短路故障情况下，由于 MMC 换流站 PCC（Point of Common Coupling，外公共连接点）母线电压降低，为保持 MMC 向 PCC 母线输送的无功功率为 Q_{ref}，无功电流参考值 i_{qref} 将会增大，同时受到无功电流限幅值的制约。

若控制方式为定有功功率 / 定交流电压（定 P/U 控制），其外环功率控制器公式为

$$\begin{cases} i_{\text{dref}} = K_{\text{pp}}(P_{\text{ref}} - P) + K_{\text{pi}}\int(P_{\text{ref}} - P)\,\mathrm{d}t & i_{\text{dref}} \leqslant i_{\text{dlim}} \\ i_{\text{qref}} = K_{\text{sp}}(U_{\text{sref}} - U_{\text{s}}) + K_{\text{si}}\int(U_{\text{sref}} - U_{\text{s}})\,\mathrm{d}t & i_{\text{qref}} \leqslant i_{\text{qlim}} \end{cases} \tag{4-2}$$

式中 K_{pp}、K_{pi}——分别为定有功功率控制器的比例系数和积分系数；

K_{sp}、K_{si}——分别为定交流电压控制器的比例系数和积分系数；

P_{ref}——有功功率参考值；

U_{sref}——交流电压参考值。

当系统发生三相短路故障时，PCC 母线电压骤降，其外送功率 P 受阻并迅速下降，但 P_{ref} 保持不变，故有功电流将持续上升，直至达到 i_{dlim}。同理，由式（4-2）可知，电流 i_{dref} 也会增大，直至达到 i_{qlim}，目的是将母线电压尽

可能维持在交流电压参考值附近。

因此，三相短路故障情况下，MMC 向交流系统馈入的电流是其馈入有功电流和无功电流的矢量和，可以将其等效成具有一定幅值和相位的电流源。以上分析方法同样适用于未提及的控制组合，此处不再赘述。

4.2.2　控制器限流方式对 MMC 等效电流源的影响

为适应不同场景，根据柔性直流的运行控制标准，柔性直流输电系统应该具有较强的电网故障穿越能力，同时不能损坏换流阀的可关断元件，因而柔性直流通常配置不同的故障限流方式，以满足故障后的频率、电压支撑和安全需求。

在系统短路故障后，不同的限流方式将影响 MMC 的短路故障电流在有功和无功两个方向上的分配。在实际工程中，常见的 MMC 限流方式主要有等比例限流方式、有功优先限流方式和无功优先限流方式。以无功优先限流方式为例，其表达式为

$$\begin{cases} i_q = i_{qref} \leqslant i_{qlim} \\ i_{dlim} = \sqrt{i_{max}^2 - i_q^2} \end{cases} \tag{4-3}$$

$$\left| i_{max} \right| = \sqrt{\frac{2}{3}} \frac{K_{lim} S_{mn}}{U_s} \tag{4-4}$$

式中　i_{max}——MMC 的电流限值；

K_{lim}——限幅系数，$K_{lim}=1.1$；

S_{mn}——MMC 的额定容量。

采用无功优先限流方式时，允许以减小有功电流 i_d 为代价增加无功电流 i_q，即优先满足无功电流需求。短路故障电流中不同比例的 i_d 和 i_q 会直接影响到其相位，无功电流 i_q 占比越大，对应 MMC 等效电流源的相位 θ 超前参考相位 d 轴的角度就越大，因为其有功电流相位与 PCC 母线电压相位相同，无功电流相位与 PCC 母线电压相位相差 90°。当 $i_{max}=1.1$，$i_{dlim}=1.1$，$i_{qlim}=0.5$ 时，电流向量如图 4-15 所示。

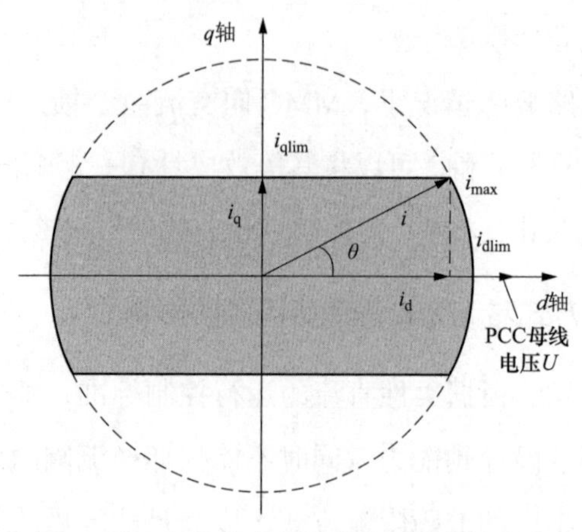

图 4-15　无功优先限流方式下的电流向量

4.2.3　等效单馈入系统和适用于系统强度分析的等效单馈入短路比

1. 等效单馈入系统模型

为更简便地研究级联型混合直流馈入系统在不同控制方式和不同电气距离下 MMC 对 LCC_{inv} 受端电网电压支撑能力的影响，即系统强度的影响。此处引入了等效单馈入 LCC-HVDC 系统对级联型混合直流馈入系统中除去 LCC_{inv} 的部分进行等效。

为方便区别，这里将等效得到的单馈入 LCC-HVDC 系统称为 LCC_{eq}。等效单馈入 LCC-HVDC 系统的简化模型如图 4-16 所示。

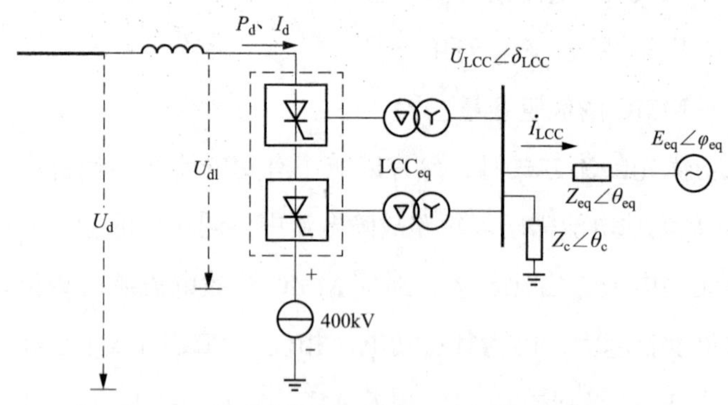

图 4-16　等效单馈入 LCC-HVDC 系统简化模型

其中 $Z_{eq}\angle\theta_{eq}$ 为等效阻抗，$E_{eq}\angle\varphi_{eq}$ 为等效电动势。级联型混合直流系统

的 3 个 MMC 在处于其功率运行范围内时，直流部分可以处理为一个 400kV 的直流电压源，同时认为保留主从控制下 MMC 的功率稳定运行特性，而其交流部分对 LCC_{inv} 受端系统的支撑作用由等效阻抗 $Z_{eq}\angle\theta_{eq}$ 和等效电动势 $E_{eq}\angle\varphi_{eq}$ 体现。

如此等效后，便可以将级联型混合直流馈入系统的 MMC-HVDC 对 LCC_{inv} 的影响折算到等效电动势 $E_{eq}\angle\varphi_{eq}$ 和等效阻抗 $Z_{eq}\angle\theta_{eq}$ 之上，并在确保 LCC_{eq} 和 LCC_{inv} 具有相同的最大功率传输曲线后，可以使用衡量 LCC_{eq} 受端系统电压支撑能力的评价指标来衡量级联型混合直流系统中 LCC_{inv} 受端系统的电压支撑能力。

2. 等效阻抗和等效电动势计算

由图 4-16 可知，等效单馈入 LCC-HVDC 系统的交流参数主要为等效阻抗 Z_{eq} 和等效电动势 E_{eq}。LCC_{inv} 和 LCC_{eq} 的直流参数在等效前后完全相同，包括换流器额定功率、变压器参数、关断角、并联电容器和交流滤波器等参数，目的是使 LCC_{inv} 和 LCC_{eq} 馈入点母线电压相同时，直流侧具有相同的运行状态。

对于等效阻抗 Z_{eq}，可以由短路故障前 LCC_{inv} 馈入点母线电压 U_{LCC} 故障后 LCC_{eq} 馈入点短路电流 I_f 得到，如式（4-5）所示。等效阻抗 Z_{eq} 可以保证 LCC_{inv} 和 LCC_{eq} 在同一运行点时，相同的直流电流变化引起相同的馈入点母线电压变化。

$$\dot{Z}_{eq}=\frac{\dot{U}_{LCC}}{\dot{I}_f} \tag{4-5}$$

对于等效电动势 E_{eq}，则可以由短路故障前 LCC_{inv} 馈入点母线电压 U_{LCC}、电流 I_{LCC} 以及等效阻抗 Z_{eq} 计算得到，如式（4-6）所示。等效电动势 E_{eq} 可以保证 LCC_{inv} 和 LCC_{eq} 在同一运行点时，馈入点母线电压相同。

$$\dot{E}_{eq}=\dot{U}_{LCC}-\sqrt{3}\dot{Z}_{eq}\dot{I}_{lcc} \tag{4-6}$$

由此得到的等效单馈入 LCC-HVDC 系统，可以保证 LCC_{inv} 和 LCC_{eq} 的馈入点母线电压相同，直流电压相同，并且相同直流电流变化引起相同的馈入点母线电压变化也相同，最终得到的功率曲线将重合。

3. 电气距离对故障点短路电流计算的影响

当级联型混合直流系统 LCC_{inv} 馈入点母线发生三相金属性接地短路故障时，对应的等效电路如图 4-17 所示。短路故障发生后，短路故障点的短路电流会受到故障点到 MMC 的 PCC 母线、各交流子系统等值电动势的电气距离的影响，电气距离的物理意义为 MMC 的 PCC 母线、各交流子系统等值电动势到故障点的等值阻抗，可具体为 MMC 与 LCC_{inv} 的联络线及其线路阻抗、MMC 对应交流子系统阻抗和 MMC 两两之间联络线及其线路阻抗。

为简便分析 LCC_{inv} 馈入点母线三相接地短路后的电气距离对故障点短路电流的影响，以 LCC_{inv} 仅与 1 个 MMC 有联络线的情况为例，如图 4-17（a）所示。首先，仅考虑 MMC 等效电流源的作用，如图 4-17（b）所示。由于 3 个 MMC 所接交流子系统两两相连构成 Y/△连接方式，需要先对其进行 Y/△转换，然后短路电流 I_{mi} 便可以通过叠加原理计算得到。其次，仅考虑 MMC

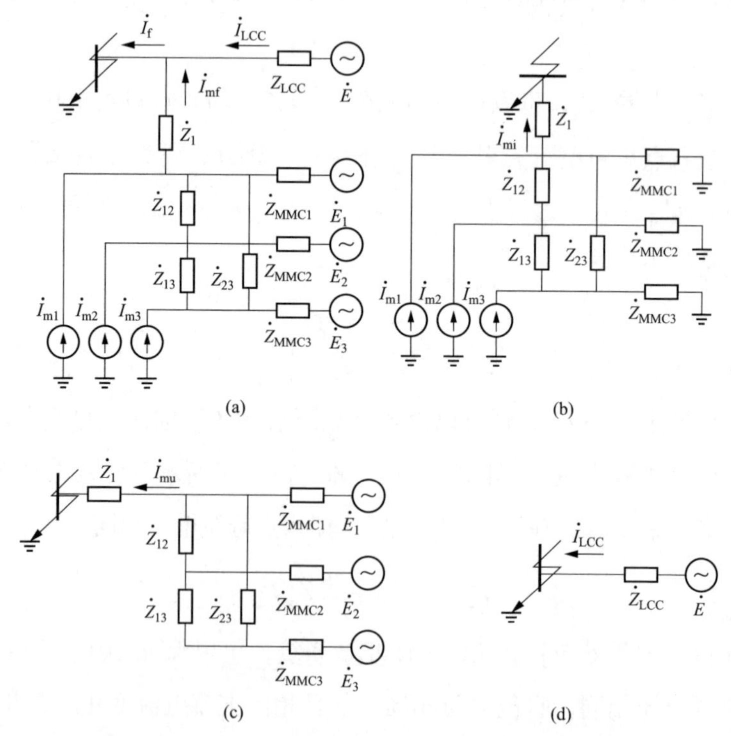

图 4-17　LCC_{inv} 仅与 1 个 MMC 相连的结构图及分析

所接交流子系统等值电动势的作用，如图 4-17（c）所示。

同理，短路电流 I_{mu} 也可以通过叠加原理计算得到，将图 4-17（b）所示系统结构分解得到图 4-18 所示拓扑结构，通过 Y/△转换可得

$$\begin{cases} \dot{Z}_1' = \dfrac{\dot{Z}_{12}\dot{Z}_{13}}{\dot{Z}_{12}+\dot{Z}_{13}+\dot{Z}_{23}} \\ \dot{Z}_2' = \dfrac{\dot{Z}_{12}\dot{Z}_{23}}{\dot{Z}_{12}+\dot{Z}_{13}+\dot{Z}_{23}} \\ \dot{Z}_3' = \dfrac{\dot{Z}_{13}\dot{Z}_{23}}{\dot{Z}_{12}+\dot{Z}_{13}+\dot{Z}_{23}} \end{cases} \tag{4-7}$$

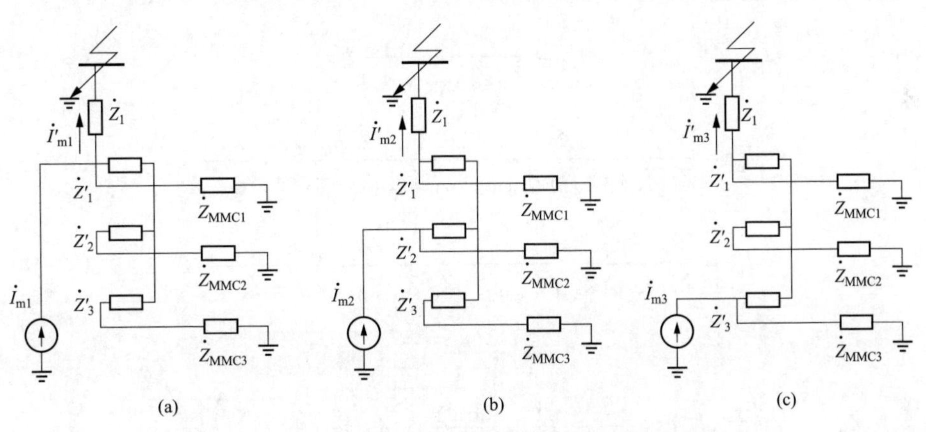

图 4-18　MMC 等效电流源贡献短路电流的结构示意图

各 MMC 等效电流源对短路故障点短路电流的贡献分别为

$$\dot{I}'_{m1} = \frac{A_1}{\dot{Z}_1 + A_1}\dot{I}_{m1} \tag{4-8}$$

$$\dot{I}'_{m2} = \frac{\dot{Z}_{MMC2}}{\dot{Z}_{MMC2}+A_2}\frac{(\dot{Z}'_3+\dot{Z}_{MMC3})}{B_2+(\dot{Z}'_3+\dot{Z}_{MMC3})}\frac{\dot{Z}_{MMC1}}{\dot{Z}_1+\dot{Z}_{MMC1}}\dot{I}_{m2} \tag{4-9}$$

$$\dot{I}'_{m3} = \frac{\dot{Z}_{MMC3}}{\dot{Z}_{MMC3}+A_3}\frac{(\dot{Z}'_2+\dot{Z}_{MMC2})}{B_2+(\dot{Z}'_2+\dot{Z}_{MMC2})}\frac{\dot{Z}_{MMC1}}{\dot{Z}_1+\dot{Z}_{MMC1}}\dot{I}_{m3} \tag{4-10}$$

其中，$A_1 = \dfrac{\dot{Z}_{mmc1}B_1}{\dot{Z}_{mmc1}+B_1}$；$A_2 = \dfrac{B_2(\dot{Z}'_3+\dot{Z}_{mmc3})}{B_2+(\dot{Z}'_3+\dot{Z}_{mmc3})}+Z'_2$；$A_3 = \dfrac{B_2(\dot{Z}'_2+\dot{Z}_{mmc2})}{B_2+(\dot{Z}'_2+\dot{Z}_{mmc2})}+Z'_3$；

$B_1 = \dfrac{(\dot{Z}'_2+\dot{Z}_{mmc2})(\dot{Z}'_3+\dot{Z}_{mmc3})}{(\dot{Z}'_2+\dot{Z}_{mmc2})+(\dot{Z}'_3+\dot{Z}_{mmc3})}+\dot{Z}'_1$；　$B_2 = \dfrac{\dot{Z}_1\dot{Z}_{mmc1}}{\dot{Z}_1+\dot{Z}_{mmc1}}+\dot{Z}'_1$。

$$A_1=\frac{\dot{Z}_{\mathrm{MMC1}}B_1}{\dot{Z}_{\mathrm{MMC1}}+B_1}\text{；}A_2=\frac{B_2(\dot{Z}_3'+\dot{Z}_{\mathrm{MMC3}})}{B_2+(\dot{Z}_3'+\dot{Z}_{\mathrm{MMC3}})}+Z_2'\text{；}A_3=\frac{B_2(\dot{Z}_2'+\dot{Z}_{\mathrm{MMC2}})}{B_2+(\dot{Z}_2'+\dot{Z}_{\mathrm{MMC2}})}+Z_3'\text{；}$$

$$B_1=\frac{(\dot{Z}_2'+\dot{Z}_{\mathrm{MMC2}})(\dot{Z}_3'+\dot{Z}_{\mathrm{MMC3}})}{(\dot{Z}_2'+\dot{Z}_{\mathrm{MMC2}})+(\dot{Z}_3'+\dot{Z}_{\mathrm{MMC3}})}+\dot{Z}_1'\text{；}\quad B_2=\frac{\dot{Z}_1\dot{Z}_{\mathrm{MMC1}}}{\dot{Z}_1+\dot{Z}_{\mathrm{MMC1}}}+\dot{Z}_1'$$

由此可得 MMC 等效电流源对短路故障点贡献的总短路电流

$$\dot{I}_{\mathrm{mi}}=\dot{I}_{\mathrm{m1}}'+\dot{I}_{\mathrm{m2}}'+\dot{I}_{\mathrm{m3}}' \tag{4-11}$$

同理，运用叠加原理，将图 4-17（c）所示系统结构分解得到图 4-19 所示拓扑结构，各 MMC 交流子系统等值电动势对短路故障点短路电流的贡献分别为

$$\dot{I}_{\mathrm{u1}}'=\frac{A_4}{\dot{Z}_1(\dot{Z}_{\mathrm{MMC1}}+A_4)}\dot{E}_1 \tag{4-12}$$

$$\dot{I}_{\mathrm{u2}}'=\frac{1}{\dot{Z}_1}\frac{A_5}{A_5+(\dot{Z}_2'+\dot{Z}_{\mathrm{MMC2}})}\frac{\dot{Z}_1\dot{Z}_{\mathrm{MMC1}}}{\dot{Z}_1'(\dot{Z}_{\mathrm{MMC1}}+\dot{Z}_1)+\dot{Z}_{\mathrm{MMC1}}}\dot{E}_2 \tag{4-13}$$

$$\dot{I}_{\mathrm{u3}}'=\frac{1}{\dot{Z}_1}\frac{A_6}{A_6+(\dot{Z}_3'+\dot{Z}_{\mathrm{MMC2}})}\frac{\dot{Z}_1\dot{Z}_{\mathrm{MMC1}}}{\dot{Z}_1'(\dot{Z}_{\mathrm{MMC1}}+\dot{Z}_1)+\dot{Z}_{\mathrm{MMC1}}}\dot{E}_3 \tag{4-14}$$

其中

$$A_4=\frac{\dot{Z}_1B_1}{\dot{Z}_1+B_1}\text{；}\quad A_5=\frac{B_2(\dot{Z}_3'+\dot{Z}_{\mathrm{MMC3}})}{B_2+(\dot{Z}_3'+\dot{Z}_{\mathrm{MMC3}})}\text{；}\quad A_6=\frac{B_2(\dot{Z}_2'+\dot{Z}_{\mathrm{MMC2}})}{B_2+(\dot{Z}_2'+\dot{Z}_{\mathrm{MMC2}})}$$

由此可得 MMC 所接交流子系统等值电动势对短路故障点贡献的总短路电流

$$\dot{I}_{\mathrm{mu}}=\dot{I}_{\mathrm{u1}}'+\dot{I}_{\mathrm{u2}}'+\dot{I}_{\mathrm{u3}}' \tag{4-15}$$

对于 $\mathrm{LCC_{inv}}$ 所接交流子系统，在短路故障时，其全部的短路电流将注入故障点，如图 4-17（d）所示。因此，短路电流 I_{LCC} 可由式（4-16）得出

$$\dot{I}_{\mathrm{LCC}}=\frac{\dot{E}}{\dot{Z}_{\mathrm{LCC}}} \tag{4-16}$$

最终得到故障点短路电流 I_{f} 值为

$$\dot{I}_{\mathrm{f}}=\dot{I}_{\mathrm{mi}}+\dot{I}_{\mathrm{mu}}+\dot{I}_{\mathrm{LCC}} \tag{4-17}$$

上述结论说明故障点短路电流 I_{f} 不仅受到交流系统阻抗影响，还受到

MMC 等效电流源和交流子系统等值电动势的影响。因此，考虑幅值和相位的等效电流源对短路电流计算的精确性产生影响，进而影响到由等效阻抗和等效电动势构成的等效单馈入 LCC-HVDC 系统的准确性。级联型混合直流系统 LCC_{inv} 分别与 2 个 MMC、3 个 MMC 连接的结构图如图 4-20 所示，分析方法和前面的类似，此处不再赘述。

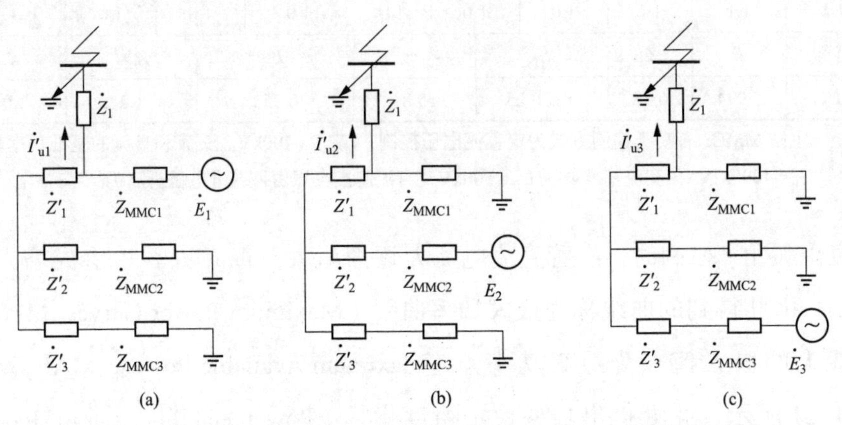

图 4-19　MMC 交流子系统等值电动势贡献短路电流的结构示意图

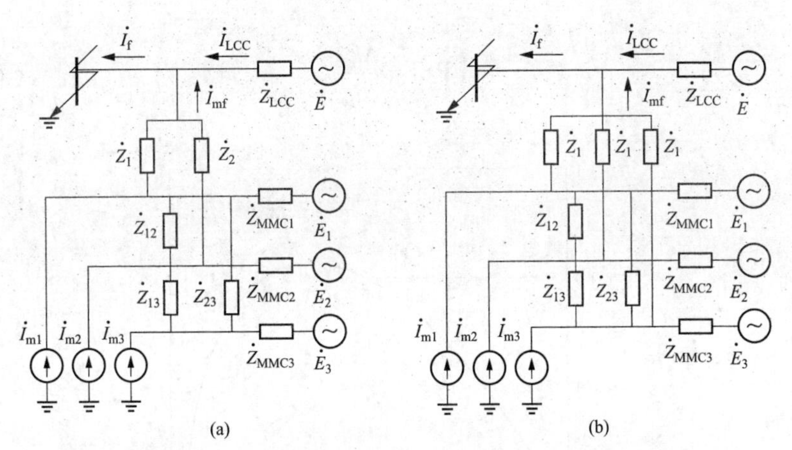

图 4-20　LCC_{inv} 与 2 个 MMC、3 个 MMC 相连的结构图

级联型混合直流系统逆变侧的参考参数见表 4-1。

4. 等效单馈入短路比

级联型混合直流馈入系统中 LCC-HVDC 的功率稳定是限制其正常运行的主要因素。一般情况下，在典型单馈入 LCC-HVDC 系统逆变侧 LCC 采

表 4-1　　级联型混合直流系统逆变侧的参考参数（i=1，2，3）

<table>
<tr><td>名称</td><td>T_i</td><td colspan="2">X_{Ti}</td><td colspan="2">S_{mni}</td><td>P_{refi}</td><td colspan="2">Q_{refi}</td><td>E_i</td></tr>
<tr><td>MMC1</td><td>2.525</td><td colspan="2">0.18</td><td colspan="2">0.186 25</td><td>0.166 75</td><td colspan="2">0</td><td>1.0</td></tr>
<tr><td>MMC2</td><td>2.525</td><td colspan="2">0.18</td><td colspan="2">0.186 25</td><td>0.166 75</td><td colspan="2">0</td><td>1.0</td></tr>
<tr><td>MMC3*</td><td>2.525</td><td colspan="2">0.18</td><td colspan="2">0.250 00</td><td>—</td><td colspan="2">0</td><td>1.0</td></tr>
<tr><td>Z_{MMC1}</td><td>Z_{MMC2}</td><td>Z_{MMC3}</td><td>Z_1</td><td>Z_2</td><td>Z_3</td><td>Z_{12}</td><td>Z_{13}</td><td>Z_{23}</td><td></td></tr>
<tr><td>1.1</td><td>1.1</td><td>1.1</td><td>1.0</td><td>1.0</td><td>1.0</td><td>1.0</td><td>1.0</td><td>1.0</td><td></td></tr>
<tr><td>名称</td><td>T_i</td><td>X_{ci}</td><td colspan="2">S_T</td><td>γ_N</td><td>B_c</td><td colspan="2">Z_{LCC}</td><td>E</td></tr>
<tr><td>LCC</td><td>2.994</td><td>0.18</td><td colspan="2">0.186 25</td><td>15.8°</td><td>0.352</td><td colspan="2">1.2</td><td>1.0</td></tr>
</table>

*　主站 MMC3 有功类控制方式为定直流电压控制，U_{dmref}=400kV。交流和直流的基准功率均为 S_B=4000MVA，交流基准电压 U_B=500kV（直流基准电压由该基准电压折算）。

用定熄弧角 γ 控制时，随着直流电流 I_d 逐渐增大，直流功率 P_d 会先增大后减小，由此得到的曲线称为最大功率曲线（Maximum Power Curve，MPC），曲线上的极大值点为最大功率点（Maximum Available Power，MAP），如图 4-21 所示。此处提出功率稳定裕度指标（Power Stability-margin Index，PSI），即

$$\mathrm{PSI}=\frac{\Delta P_d}{\Delta I_d} \tag{4-18}$$

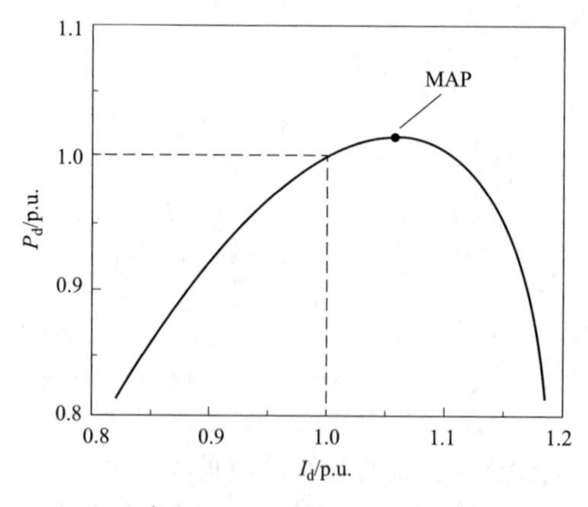

图 4-21　典型单馈入 LCC-HVDC 系统的最大功率曲线

当系统运行在最大功率点左侧时，PSI＞0，此时系统处于稳定运行范围内，直流电流相同时，PSI 的值越大，表明受端系统的电压支撑能力越强；

当系统运行在最大功率点处时，PSI＝0，此时系统处于临界稳定状态；当系统运行在最大功率点右侧时，PSI＜0，此时系统处于失稳状态。LCC 换流站在输送直流功率时需要吸收一定的无功功率，其数值约为换流站所通过的直流功率的 40%～60%，从而影响到与 LCC 换流站相连母线的电压稳定性。因此，PSI 可以表示电压支撑能力，通过分析 PSI 曲线可以初步判断 LCC-HVDC 系统强度。

若将图 4-21 所示最大功率曲线看作级联型混合直流系统中 MMC 采用定交流电压控制得到的 LCC_{inv} 最大功率曲线，以该最大功率曲线为定交流电压控制与定无功功率控制转换的媒介。系统在某个直流电流运行点，定交流电压控制可以视作定无功功率控制的前提是，定无功功率控制的无功功率参考值为系统在该直流电流运行点时，MMC 采用定交流电压控制，其注入或抽出 PCC 母线的无功功率值。进一步，对整条 LCC_{inv} 最大功率曲线，定交流电压控制可以视作无功功率参考值不固定的定无功功率控制，而且无功功率参考值为定交流电压控制时，每一个直流电流运行点下 MMC 与 PCC 母线交换的无功功率值，最终目的是保持 PCC 母线电压为交流电压参考值，使定交流电压控制转换成定无功功率控制前后的最大功率曲线相同。

参考单馈入短路比 SCR 的概念，这里提出等效单馈入短路比（Equivalent Single-infeed Short Circuit Ratio，ESSCR）对级联型混合直流馈入系统 LCC_{inv} 电压支撑能力进行量化评估，其定义为

$$\mathrm{ESSCR}=\frac{U_{\mathrm{LCC}}^{2}}{P_{\mathrm{dln}}\left|Z_{\mathrm{eq}}\right|} \tag{4-19}$$

式中　P_{dln}——LCC_{inv} 换流站的额定功率。

ESSCR 越大，电压支撑能力越强，抗干扰能力越强。需要注意的是，该指标仅在 MMC 采用定 P/Q 控制时适用，而当 MMC 采用定 P/U 控制时，等效后得到的等效阻抗 Z_{eq} 是一个变化值，需要对 ESSCR 评价指标进行修改。

由本小节前述内容可知，一定情况下，定交流电压控制可以视作定无功功率控制，故若要确定定 P/U 控制下的 ESSCR，首先设置转换功率参考值 $P_{\mathrm{tra\_ref}}$、$Q_{\mathrm{tra\_ref}}$，然后 MMC 采用定 P/Q 控制，并将 P_{ref}、Q_{ref} 设置为 $P_{\mathrm{tra\_ref}}$、$Q_{\mathrm{tra\_ref}}$，其

他条件不变，求出该定 P/Q 控制的 ESSCR，再乘以定 P/U 控制和定 P/Q 控制的功率稳定裕度指标比值，最后得到定 P/U 控制的 ESSCR。现以 P_{tra_ref} = 667MW，Q_{tra_ref} = 0MW 为转换功率参考值，具体求取过程为

$$\text{ESSCR} = \frac{\text{PSI}_{P/U}}{\text{PSI}_{P/Q}} \times \frac{U_{\text{LCC}\_P/Q}^2}{P_{\text{dln}}\left|Z_{\text{eq}\_P/Q}\right|} \tag{4-20}$$

式中 $\text{PSI}_{P/U}$、$\text{PSI}_{P/Q}$——分别为 MMC 定 P/U 控制和 MMC 采用转换功率参考值的定 P/Q 控制的功率稳定裕度指标值；

$U_{\text{LCC}\_P/Q}$、$Z_{\text{eq}\_P/Q}$——分别为 MMC 采用转换功率参考值的定 P/Q 控制的短路故障前 LCC_{inv} 馈入点母线电压和等效阻抗。

4.2.4 级联型混合直流系统 MMC-HVDC 对 LCC-HVDC 系统强度的影响分析

1. 有效性验证

指标 ESSCR 和 PSI 是基于 LCC_{eq} 推导得到，所以要用上述指标评估 LCC_{inv} 受端电压支撑能力，则需保证级联型混合直流馈入系统等效成为单馈入 LCC-HVDC 系统具有可行性和有效性，即 LCC_{inv} 和 LCC_{eq} 的功率曲线一致。

本节将在仿真上验证等效可行且有效，首先确定级联型混合直流系统的直流、交流侧参数，设置级联型混合直流系统的参考参数，见表 4-1。其次，确定 3 个 MMC 的两种控制方式，见表 4-2。

表 4-2　　3 个 MMC 的两组控制方式

控制方式	MMC1（从站）	MMC2（从站）	MMC3（主站）
控制方式 1	定有功功率 / 定无功功率（定 P/Q 控制）	定有功功率 / 定无功功率（定 P/Q 控制）	定直流电压 / 定无功功率（定 U_d/Q 控制）
控制方式 2	定有功功率 / 定交流电压（定 P/U 控制）	定有功功率 / 定交流电压（定 P/U 控制）	定直流电压 / 定交流电压（定 U_d/U 控制）

设短路故障的严重程度能使 MMC 短路故障电流达到限值 $i_{\max}$，分析以下 4 种情况。

（1）情况 1：MMC 采用控制方式 1 且使用参考参数。

（2）情况 2：MMC 采用控制方式 1 且 $Q_{ref1/2}$=220MW，Q_{ref3}=300MW（故障后 $i_q=i_{qmax}$），其他条件不变。

（3）情况 3：MMC 采用控制方式 1 且无功功率参考值不为 0，姑且取 $Q_{ref1/2/3}$=100MW 故障后（$i_q<i_{qmax}$），其他条件不变。

（4）情况 4：MMC 采用控制方式 2，其他条件不变。

设置情况 3 的原因是一定情况下，定交流电压控制可以视作定无功功率控制，而此时系统在额定直流电流运行点附近时是定无功功率值不为 0 且故障后 $i_q<i_{qmax}$ 的情况，故验证情况 3 是验证情况 4 的前提。

在 PSCAD/EMTDC 仿真环境中搭建级联型混合直流系统模型进行电路仿真，同时在 MATLAB 仿真环境中使用稳态数学模型求解析值，验证结果如图 4-22 所示，同时计算得到等效单馈入 LCC-HVDC 系统参数，见表 4-3，表中等效阻抗的阻抗角大于 90°，在其复数形式中，实部为负数，物理意义表现为“负电阻”，虚部为正数，表明其为感性阻抗。

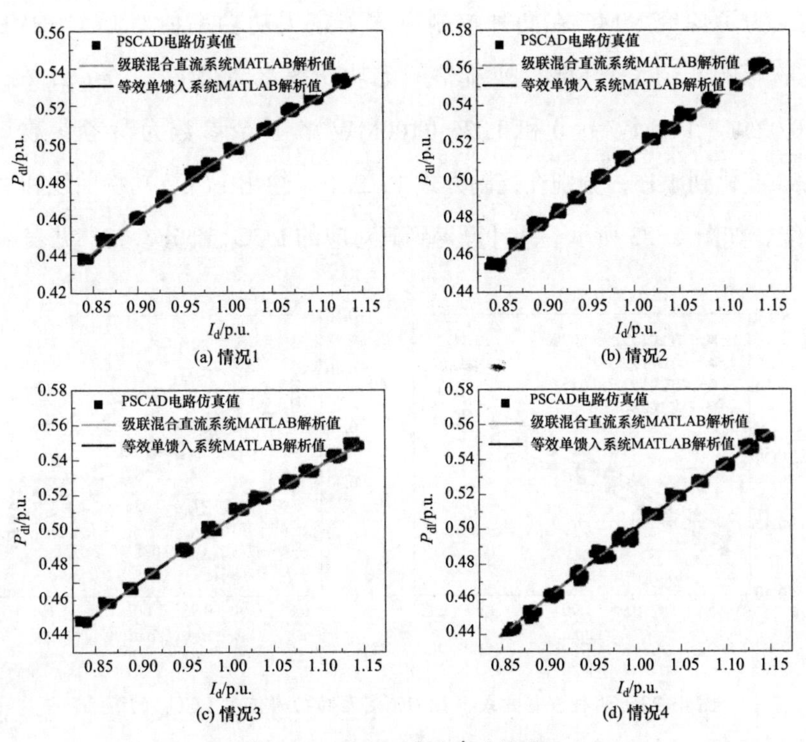

图 4-22　LCC_{eq} 系统有效性验证

表 4-3　　等效单馈入 LCC-HVDC 系统参数

情况	U_{LCC}	I_f	Z_{eq}	E_{eq}
1	1.00∠15.3°	2.72∠−83.3°	0.37∠98.5°	1.01∠4.7°
2	1.02∠15.1°	2.79∠−83.3°	0.36∠98.4°	1.03∠4.9°
3	1.04∠15.0°	2.88∠−83.8°	0.36∠98.7°	1.05∠5.0°
4	[1.00∠15.3°, 1.03∠15.1°]	[2.70∠−83.1°, 2.83∠−83.5°]	[0.37∠98.7°, 0.36∠98.5°]	[1.01∠4.8°, 1.03∠4.9°]

从图 4-22 可以看出，LCC_{eq} 和 LCC_{inv} 的功率曲线都几乎是重合的，说明了等效的可行与有效。因此，在下文中可以通过对 LCC_{eq} 分析而间接实现对 LCC_{inv} 的分析，而且也能使用 ESSCR 和 PSI 评估 LCC_{inv} 的电压支撑能力。

2. MMC 定无功功率值的影响

级联型混合直流馈入系统的低端是 3 个并联的采用主从控制的 MMC 换流站，为了探究 MMC 在两种控制方式下定无功功率值对 LCC-HVDC 子系统的影响，令 3 个 MMC 换流站的无功功率参考值 $Q_{ref1/2/3}=Q_m$，Q_m 先后取 −0.025（−100MW）、0 和 0.025（100MW），其余参数为参考参数，使 I_d 从 0.85 变化到 1.15，分别在控制方式 1、2 下，绘出 LCC_{eq} 功率曲线和 PSI 变化曲线，如图 4-23 所示，并计算得到其对应的 LCC_{eq} 部分参数，见表 4-4。

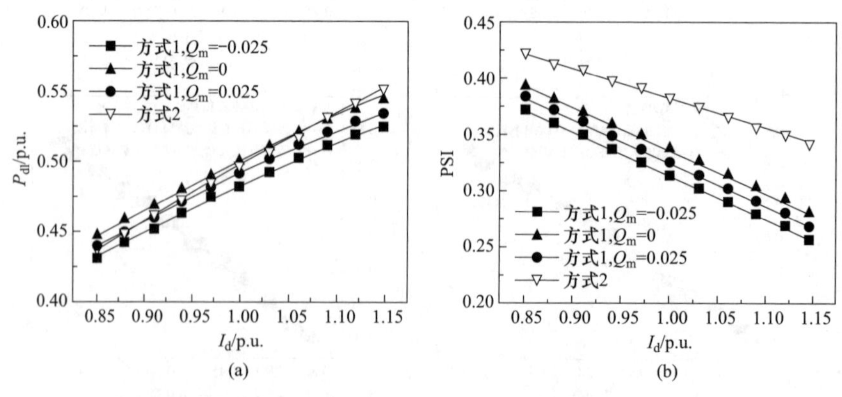

图 4-23　两种控制方式下 MMC 定无功功率值对 LCC_{eq} 的影响

表 4-4　　两种控制方式下不同 Q_m 对应的 LCC_{eq} 部分参数

控制方式	Q_m	Z_{eq}	E_{eq}	ESSCR
1	−0.025	0.371∠98.98°	1.001∠4.77°	5.216
	0	0.369∠98.53°	1.011∠4.71°	5.444
	0.025	0.364∠98.43°	1.026∠4.89°	5.669
2	—	—	—	6.390

从图 4-23（a）可以看出，在控制方式 1 下，Q_m 越大，P_{dl} 越大，即 LCC_{eq} 的功率输送能力越强，同时在 I_d>1.05 时，相对于控制方式 1，控制方式 2 下的 P_{dl} 值更大，LCC_{eq} 的功率输送能力更强。

从图 4-23（b）和表 4-4 可以看出，在控制方式 1 下，Q_m 越大，PSI 也越大，并且 ESSCR 从 5.216～5.669，这说明 LCC_{eq} 的电压支撑能力越强。但控制方式 2 下的 PSI 明显大于控制方式 1 下的 PSI，并且 ESSCR 为 6.390，因此，LCC_{eq} 的电压支撑能力也相对后者更强。

3. MMC 定有功功率值的影响

为了探究 MMC 在两种控制方式下定有功功率值对 LCC-HVDC 子系统的影响。令 $P_{ref1/2}=P_m$，P_m 先后取 0.125（500MW）、0.150（600MW）和 0.175（700MW），其他参数为参考参数，使 I_d 从 0.9 变化到 1.1，分别在控制方式 1、2 下，绘出 LCC_{eq} 功率曲线和 PSI 变化曲线，如图 4-24 所示，并计算得到其对应的 LCC_{eq} 部分参数，见表 4-5。

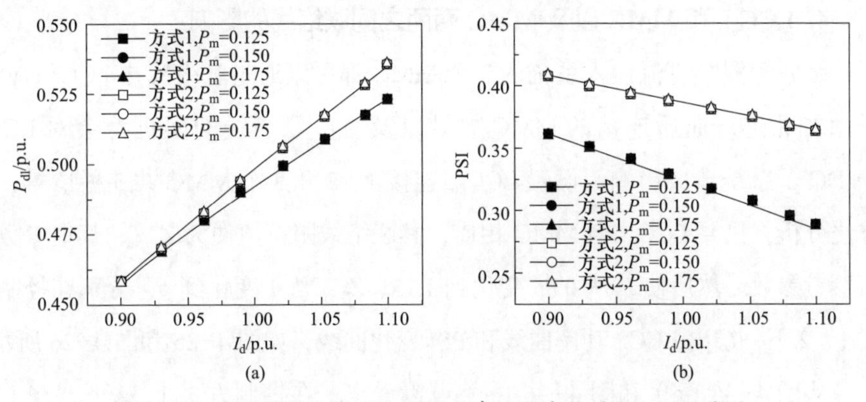

图 4-24　两种控制方式下 MMC 定有功功率值对 LCC_{eq} 的影响

表 4-5　两种控制方式下不同 P_m 对应的 LCC_{eq} 部分参数

控制方式	P_m	Z_{eq}	E_{eq}	ESSCR
1	0.125	0.367∠98.55°	1.013∠4.84°	5.441
	0.150	0.367∠98.54°	1.032∠4.83°	5.443
	0.175	0.367∠98.53°	1.013∠4.82°	5.444
2	0.125	[0.369∠98.65°, 0.361∠98.53°]	[1.009∠4.81°, 1.033∠4.95°]	6.463
	0.150	[0.369∠98.65°, 0.362∠98.52°]	[1.009∠4.80°, 1.033∠4.93°]	6.476
	0.175	[0.369∠98.64°, 0.362∠98.52°]	[1.010∠4.80°, 1.034∠4.93°]	6.483

从图 4-24（a）可以看出，分别在控制方式 1、2 下，不同的 P_m，P_{dl} 几乎相同，这说明 P_m 的大小对 LCC_{eq} 功率输送能力的影响很小，但在 P_m 相同时，相对于控制方式 1，在控制方式 2 下，P_{dl} 更大，即 LCC_{eq} 的功率输送能力更强。

从图 4-24（b）和表 4-5 可以看出，分别在控制方式 1、2 下，不同的 P_m，PSI 曲线却几乎重合，并且 ESSCR 的值都在 5.44 附近，即 P_m 的大小对 LCC_{eq} 电压支撑能力的影响很小，但在 P_m 相同时，相对于控制方式 1，控制方式 2 下，PSI 的值会更大，并且后者的 ESSCR 比前者的大了 1 左右，即 LCC_{eq} 的电压支撑能力更强。

4. LCC_{inv} 和 MMC 以及 MMC 两两之间联络线的影响

级联型混合直流馈入系统的 3 个 MMC 都可以通过联络线与 LCC-HVDC 子系统相连，而所连接的 MMC 数量以及对应联络线的阻抗都会对 LCC-HVDC 子系统造成影响，设置 LCC_{inv} 连接 1、2 和 3 个 MMC 共 3 种情景，为方便分析，只要 LCC_{inv} 与 MMC 相连，其联络线阻抗值便为 Z_{1-m}，其他参数使用参考参数。然后使 I_d 从 0.85 变化到 1.15、Z_{1-m} 从 1 变化到 4，分别在控制方式 1、2 下，绘出 LCC_{eq} 功率曲线和 PSI 变化曲线，如图 4-25 和图 4-26 所示。

从图 4-25（a）和图 4-26（a）可以看出，在控制方式 1、2 下，在 I_d 较大时，LCC_{inv} 连接的 MMC 数量越多，Z_{1-m} 越小，则 P_{dl} 越大，即 LCC_{eq} 输送

功率能力越强，而 I_d 较小时则情况相反。

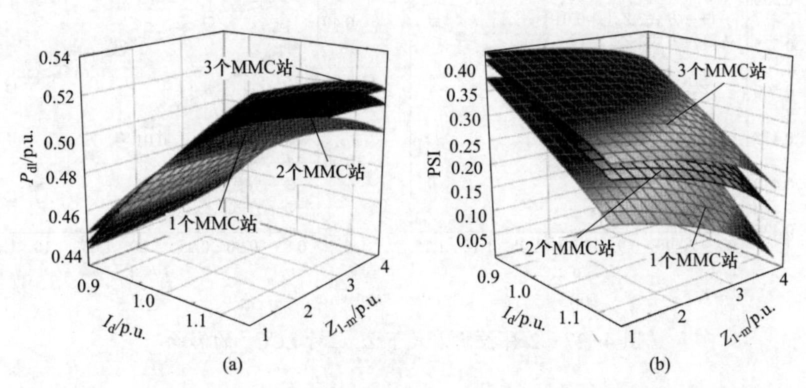

图 4-25　控制方式 1 下 LCC_{inv} 所接 MMC 数量以及 Z_{1-m} 对 LCC_{eq} 的影响

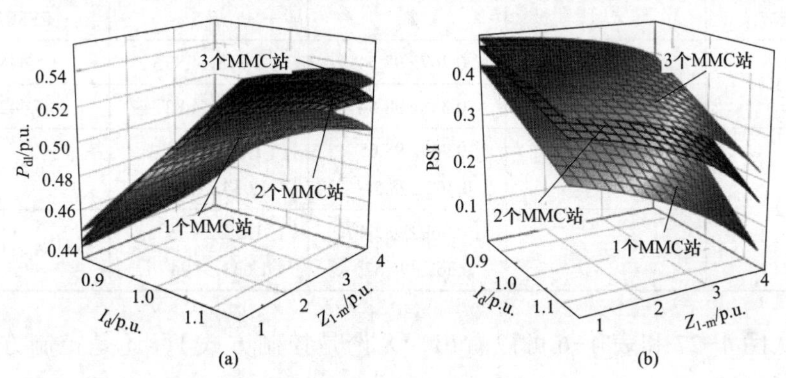

图 4-26　控制方式 2 下 LCC_{inv} 所接 MMC 数量以及 Z_{1-m} 对 LCC_{eq} 的影响

从图 4-25（b）和图 4-26（b）可以看出，在控制方式 1、2 下，LCC_{inv} 连接的 MMC 数量越多，Z_{1-m} 越小，则 PSI 越大，即 LCC_{eq} 的电压支撑能力越强。但是在 LCC_{inv} 连接的 MMC 数量、Z_{1-m} 相同时，相对于控制方式 1，在控制方式 2 下 LCC_{eq} 的电压支撑能力更强。

除 LCC_{inv} 与 MMC 之间存在联络线之外，3 个 MMC 两两之间同样也存在联络线，其联络线阻抗会对 LCC-HVDC 子系统产生怎样的影响，也是一个值得探究的问题。令 $Z_{12/13/23}=Z_{m-m}$，Z_{m-m} 先后取 0.01，∞（断线），其他参数为参考参数，使 I_d 从 0.85 变化到 1.15，在控制方式 1、2 下，绘出 LCC_{eq} 功率曲线和 PSI 变化曲线，如图 4-27 所示，并计算得到其对应的 LCC_{eq} 部分参数，见表 4-6。

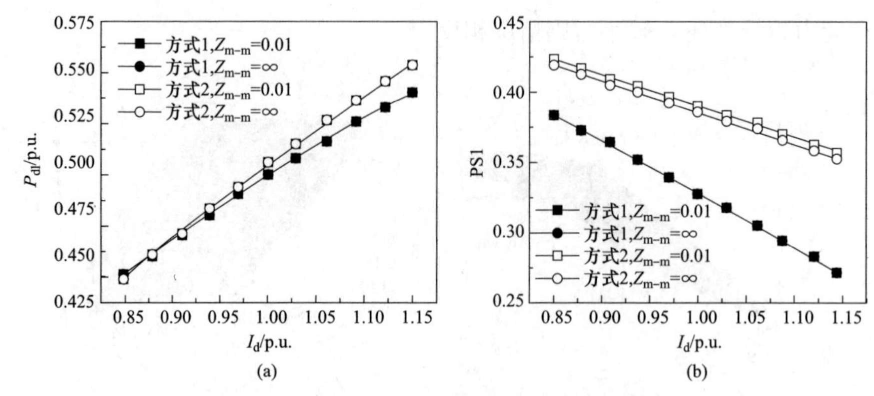

图 4-27　2 种控制方式下 Z_{m-m} 对 LCC_{eq} 的影响

表 4-6　　2 种控制方式不同 Z_{m-m} 对应的 LCC_{eq} 部分参数

控制方式	Z_{m-m}	Z_{eq}	E_{eq}	ESSCR
1	0.01	0.367∠98.54°	1.013∠4.83°	5.445
	∞	0.368∠98.54°	1.013∠4.82°	5.442
2	0.01	[0.369∠98.65°, 0.362∠98.51°]	[1.009∠4.81°, 1.034∠4.93°]	6.483
	∞	[0.369∠98.64°, 0.362∠98.52°]	[1.010∠4.79°, 1.033∠4.94°]	6.411

从图 4-27 和表 4-6 可以看出，无论是控制方式 1，还是控制方式 2，Z_{m-m} 变化对 LCC_{eq} 输送功率能力和电压支撑能力的影响很小，但在 Z_{m-m} 相同时，相对于控制方式 1，控制方式 2 下，P_{dl}、PSI 的值都会更大，并且后者的 ESSCR 比后者的大了 1 左右，即 LCC_{eq} 输送功率能力和电压支撑能力更强。

5. MMC 对应交流子系统阻抗的影响

由于级联型混合直流馈入系统的 3 个 MMC 换流站分别接入不同的交流子系统，接下来将研究 MMC 对应交流子系统阻抗对 LCC-HVDC 子系统的影响。令 $Z_{mmc1/2/3}=Z_m$，并且 Z_m 先后取 0.91、1.00 和 1.11，其他参数为参考参数，使 I_d 从 0.85 变化到 1.15，在控制方式 1、控制方式 2 下，绘出 LCC_{eq} 功率曲线和 PSI 变化曲线，如图 4-28 所示，并计算得到其对应的 LCC_{eq} 部分参数，见表 4-7。

从图 4-28 和表 4-7 可以看出，在控制方式 1 下，Z_m 越小，则 P_{dl}、PSI

越大，并且 ESSCR 从 5.071 到 5.444，即 LCC_{eq} 输送功率能力和电压支撑能力越强。在控制方式 2 下，Z_m 变化对 LCC_{eq} 输送功率能力和电压支撑能力几乎无影响。但是相同的 Z_m，相对于控制方式 1，控制方式 2 下，P_{dl}、PSI 的值会更大，并且后者的 ESSCR 也比后者的大了 1 左右，即 LCC_{eq} 输送功率能力和电压支撑能力更强。

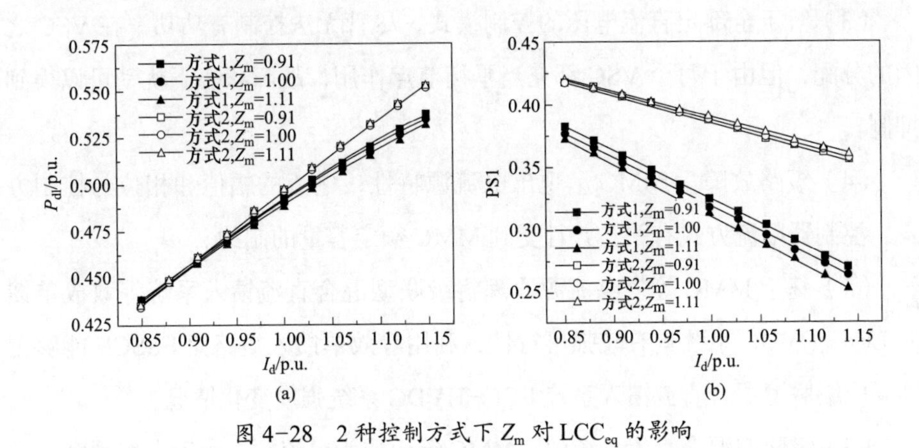

图 4-28　2 种控制方式下 Z_m 对 LCC_{eq} 的影响

表 4-7　2 种控制方式下不同 Z_m 对应的 LCC_{eq} 部分参数

控制方式	Z_m	Z_{eq}	E_{eq}	ESSCR
1	0.91	0.367∠98.54°	1.013∠4.82°	5.444
	1.00	0.377∠98.71°	1.012∠5.22°	5.269
	1.11	0.389∠98.92°	1.011∠5.69°	5.071
2	0.91	[0.369∠98.65°, 0.362∠98.52°]	[1.009∠4.80°, 1.033∠4.93°]	6.454
	1.00	[0.379∠98.82°, 0.370∠98.70°]	[1.009∠5.19°, 1.035∠5.36°]	6.388
	1.11	[0.391∠99.02°, 0.380∠98.94°]	[1.008∠5.66°, 1.037∠5.88°]	6.328

4.3　本　章　小　结

根据本章内容分析，可以得出如下结论。

（1）逆变侧 VSC 处于主从控制模式下，有功功率可以被合理分配到不同交流系统，但若整流 LCC 和 VSC 的功率指令不匹配，处于定直流电压控制的 VSC 可能会从逆变状态转换为整流状态。当故障发生引起传输功率降低而定有功功率控制 VSC 指令值不变时，同样会出现此情况。

（2）当逆变侧 VSC 处于相同的下垂控制模式下，有功功率会均分到每一个 VSC，但该控制模式在 LCC 的功率参考变化或者发生交流故障情况下会造成更大的直流电压和有功功率波动。

（3）对于全部定直流电压的控制模式，尽管无法控制有功功率在 VSC 之间的分配，但由于每个 VSC 都充当平衡节点作用，故障状态下扰动可以得到抑制。

（4）短路故障后 MMC 呈现出电流源特性，电流的幅值和相位与控制方式、控制器限流方式有关，并且受到 MMC 额定容量的制约。

（5）基于 MMC 等效电流源原理将级联型混合直流馈入系统等效成单馈入 LCC-HVDC 系统具有较强可行性，利用等效单馈入短路比 ESSCR 能够正确反应级联型混合直流馈入系统 LCC-HVDC 系统强度变化情况。

（6）级联型混合直流系统中，MMC 等效成为电流源，由于电气耦合，进而影响级联型混合直流馈入系统 LCC-HVDC 系统强度。在 MMC 控制方式方面，相对于定 P/Q 控制方式，在定 P/V 控制方式下，系统强度更强；定无功功率值越大，系统强度越强，但定有功功率值变化对其影响很小；在电气距离方面，LCC_{inv} 所接 MMC 数量越多，对应联络线阻抗越小，系统强度越强；MMC 两两之间的联络线对系统强度的影响很小；MMC 对应的交流子系统阻抗越小，系统强度越强。对级联型混合直流馈入系统 LCC-HVDC 系统强度评估做了定性定量研究，所得结论可为相关规划建设提供理论依据。

第5章 多落点级联混合直流本体故障特性分析

本章针对整流侧LCC交流母线、逆变侧LCC交流母线和各个VSC交流母线发生三相短路接地故障的情况，研究多落点级联混合直流故障特性。

5.1 整流侧LCC交流母线发生三相短路接地故障

整流侧LCC的交流母线发生三相瞬时性短路接地故障时，故障设置在3s时发生，持续0.1s。送端和受端交流系统母线电压仿真波形分别如图5-1和图5-2所示。

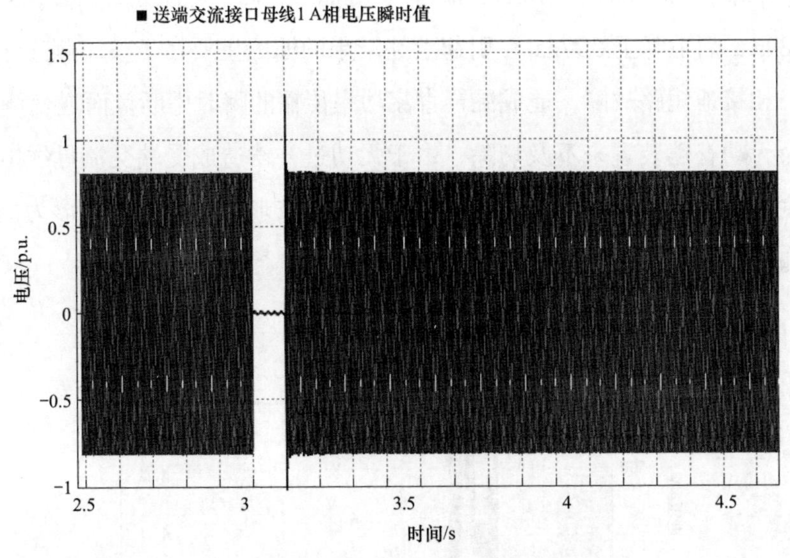

图5-1 送端交流系统母线电压仿真波形

由图5-1可知，3s故障发生时，送端交流系统母线电压瞬时跌落到0，经过0.1s后故障切除，送端交流系统母线电压出现短时过电压波动后恢复正常。由图5-2可知，受端交流系统母线电压在故障发生后，均出现了不同

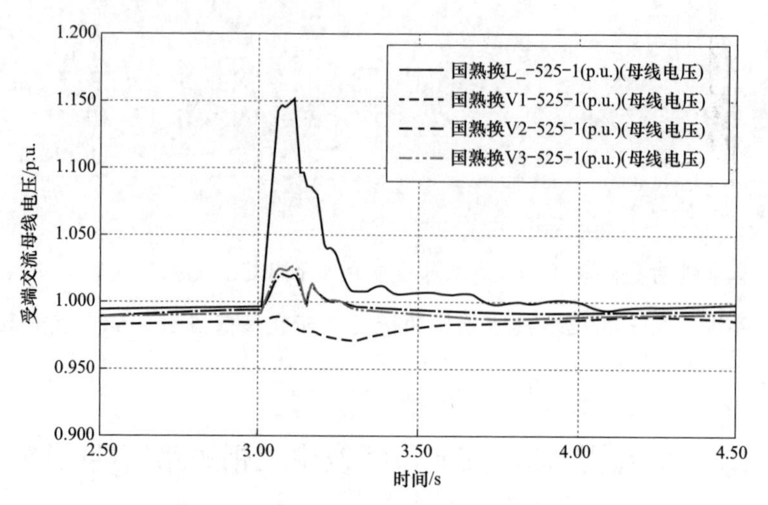

图 5-2 受端交流系统母线电压仿真波形

程度的上升，其中逆变侧 LCC 交流母线（国熟换 L）电压上升至 1.15p.u.，VSC1 交流母线（国熟换 V1）和 VSC2 交流母线（国熟换 V2）电压分别上升至 1.024p.u. 和 1.019p.u.，VSC3 交流母线（国熟换 V3）电压先升后降，先上升至 0.989p.u. 后下降至 0.97p.u.。引起上述结果的原因主要在于整流侧交流系统发生三相接地短路故障，造成混合直流功率传输的瞬时中断，而逆变侧 LCC 滤波及无功补偿装置来不及切除，由于无功过补偿造成受端交流母线电压不同程度的上升。多落点级联混合直流相关仿真波形（均以正极波形为例，下同）如图 5-3～图 5-25 所示。

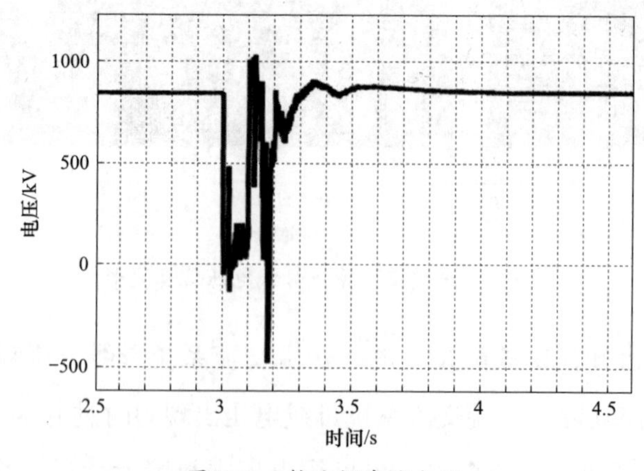

图 5-3 整流侧直流电压

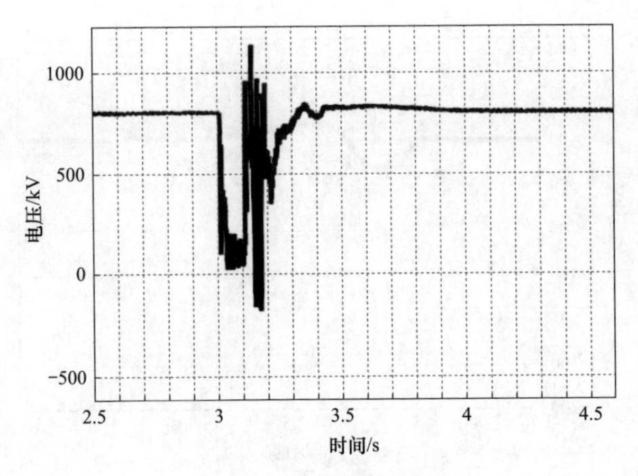

图 5-4　逆变侧直流电压

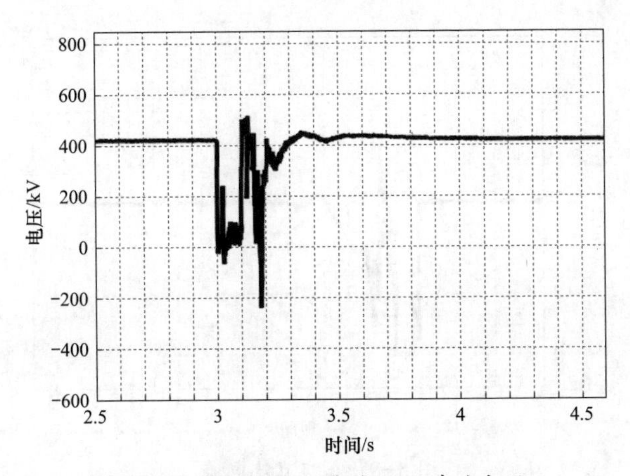

图 5-5　整流侧十二脉动 LCC 直流电压

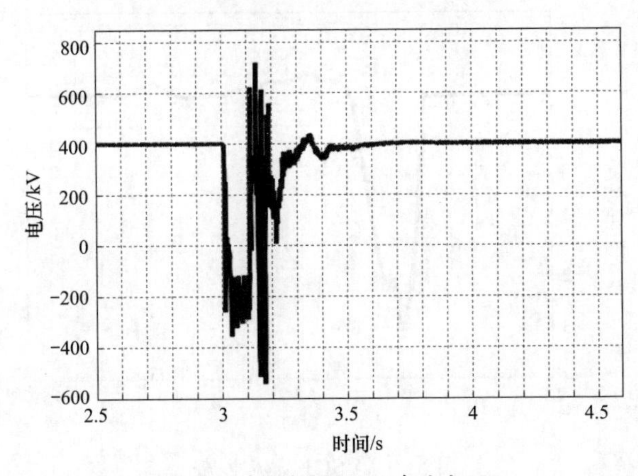

图 5-6　逆变侧 LCC 直流电压

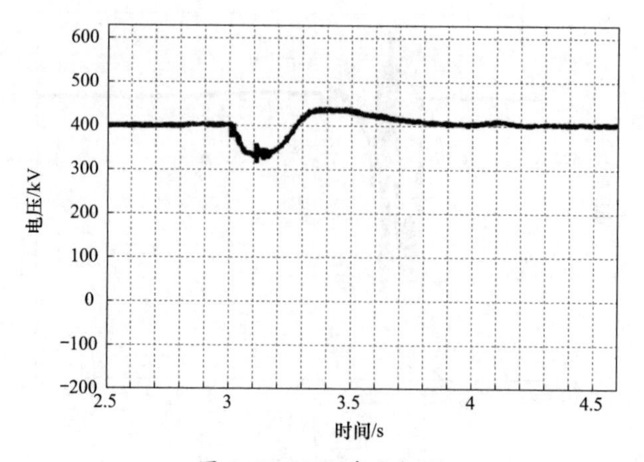

图 5-7　VSC 直流电压

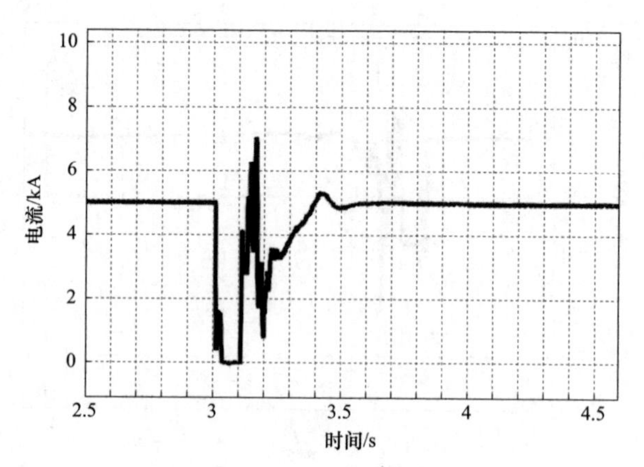

图 5-8　正极直流电流

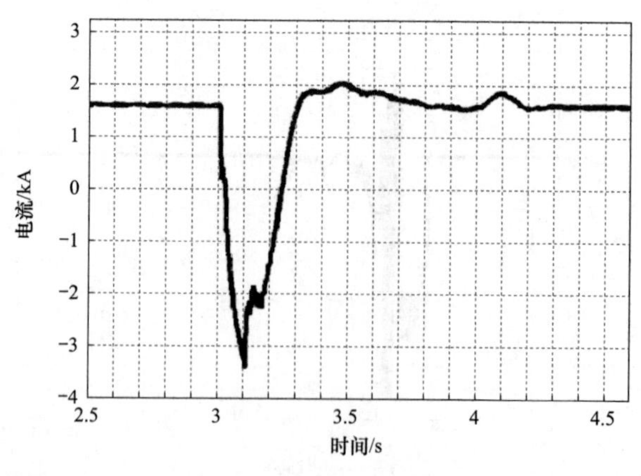

图 5-9　VSC1 直流电流

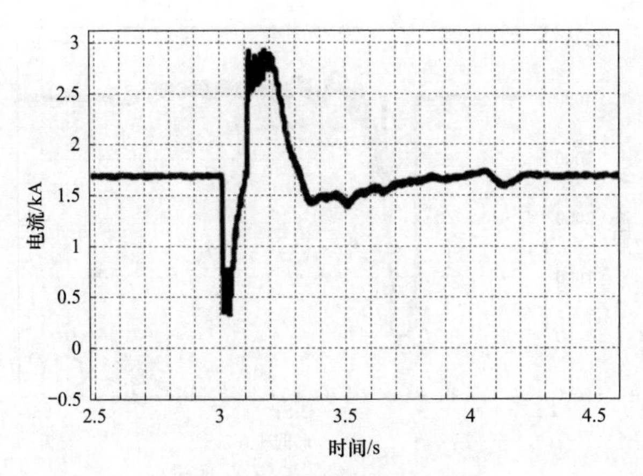

图 5-10　VSC2 直流电流

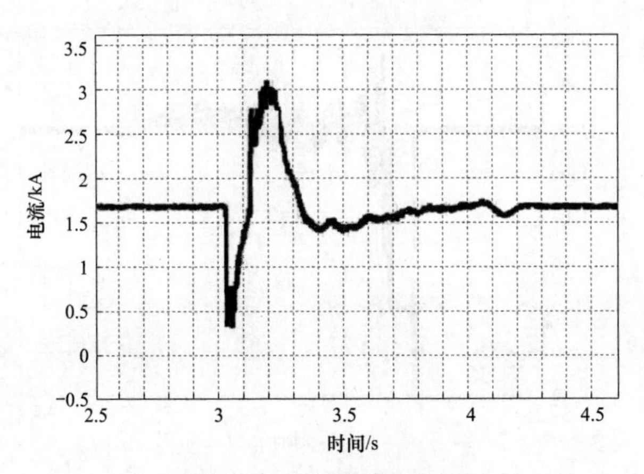

图 5-11　VSC3 直流电流

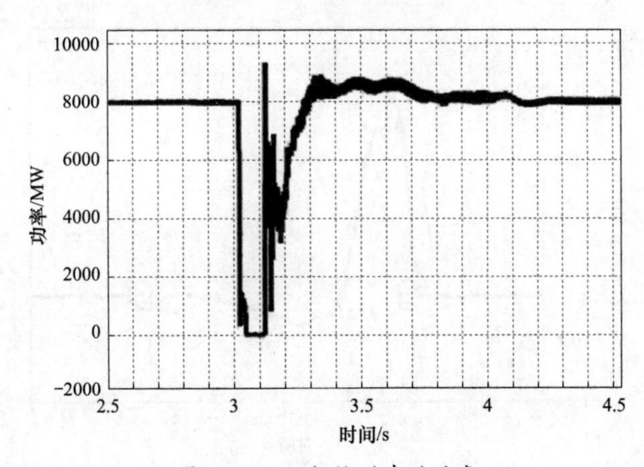

图 5-12　双极输送有功功率

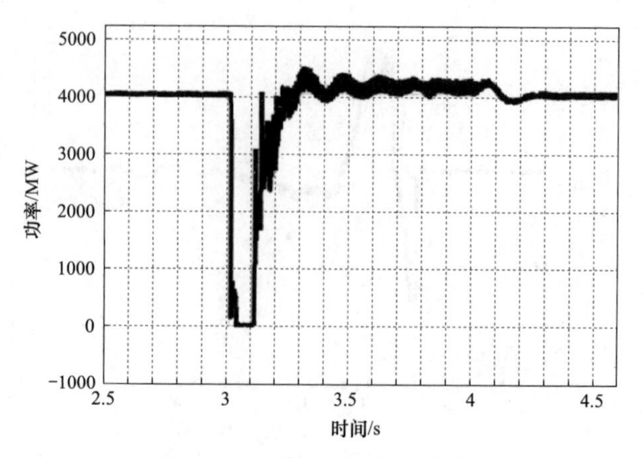

图 5-13　单极输送有功功率

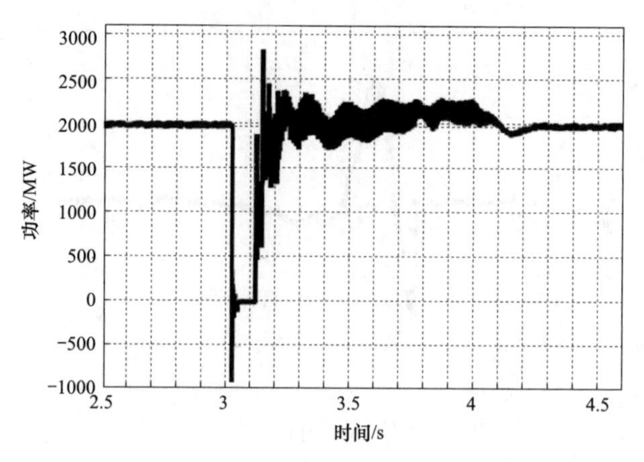

图 5-14　逆变侧 LCC 输送有功功率

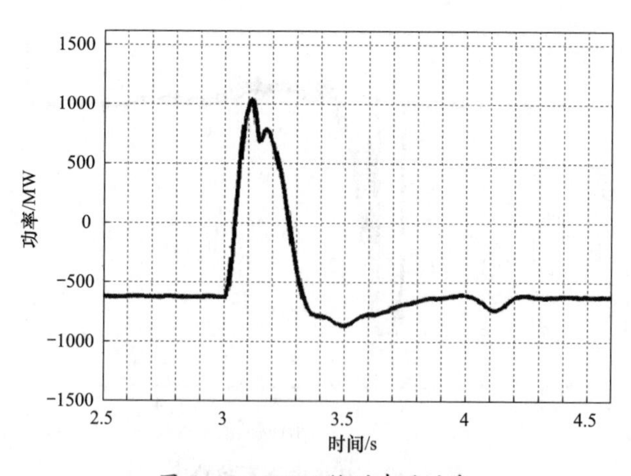

图 5-15　VSC1 输送有功功率

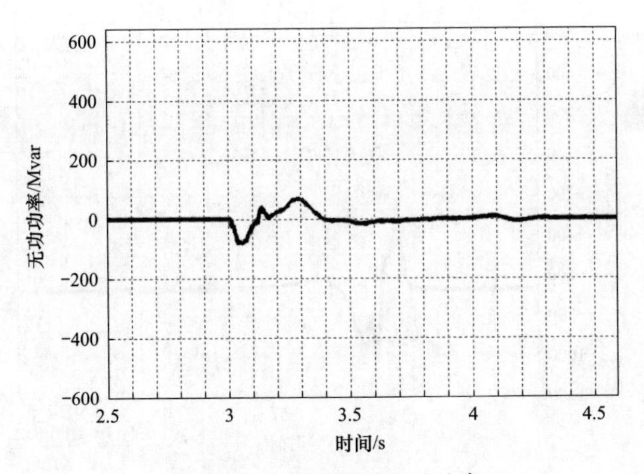

图 5-16　VSC1 输送无功功率

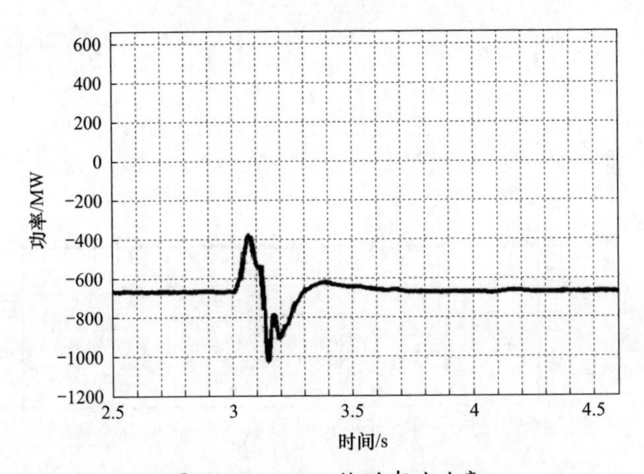

图 5-17　VSC2 输送有功功率

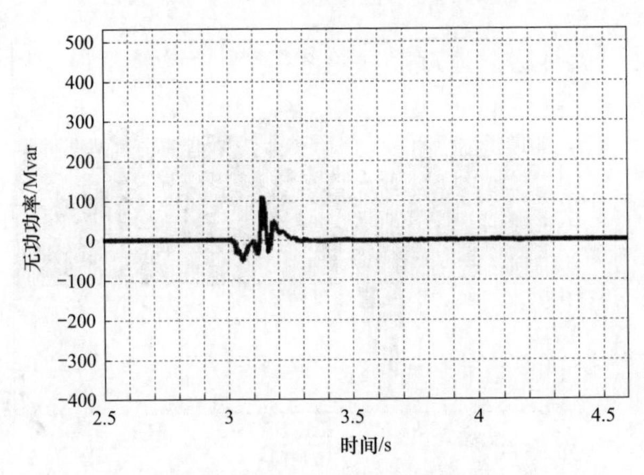

图 5-18　VSC2 输送无功功率

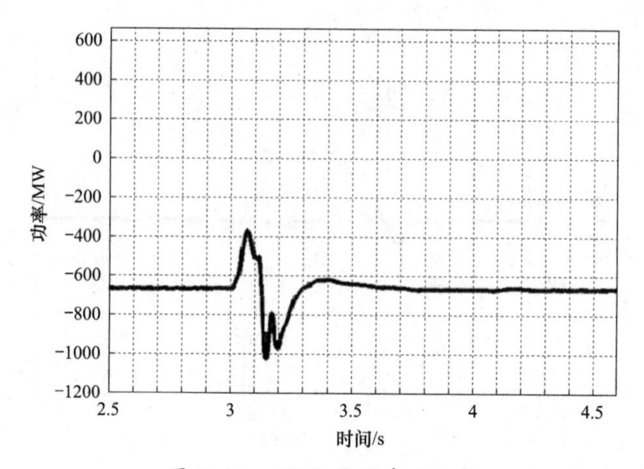

图 5-19　VSC3 输送有功功率

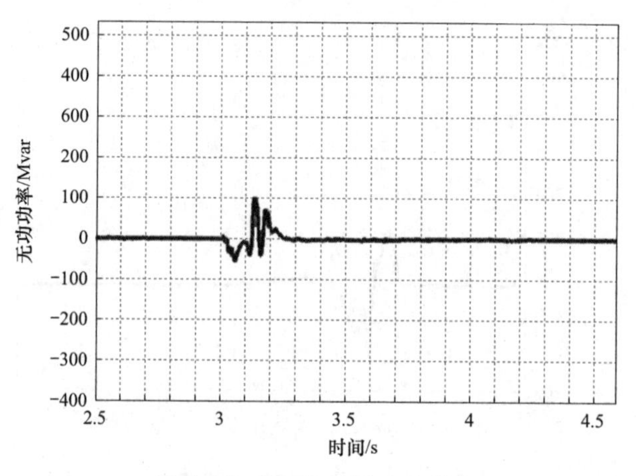

图 5-20　VSC3 输送无功功率

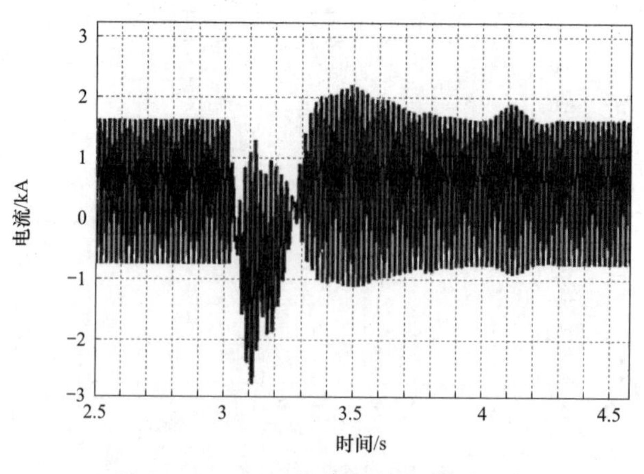

图 5-21　VSC1 阀臂电流（a 相为例）

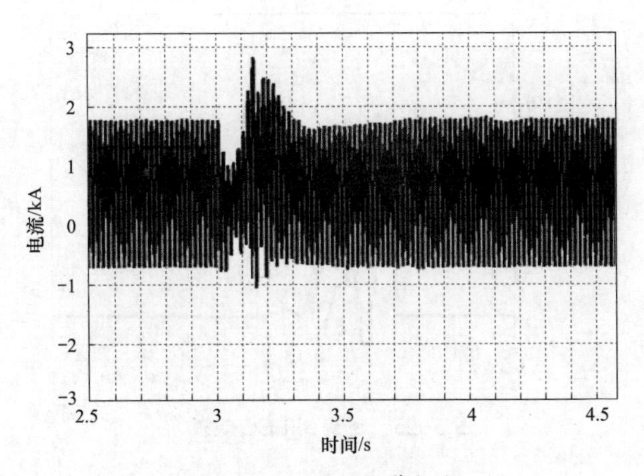

图 5-22　VSC2 阀臂电流

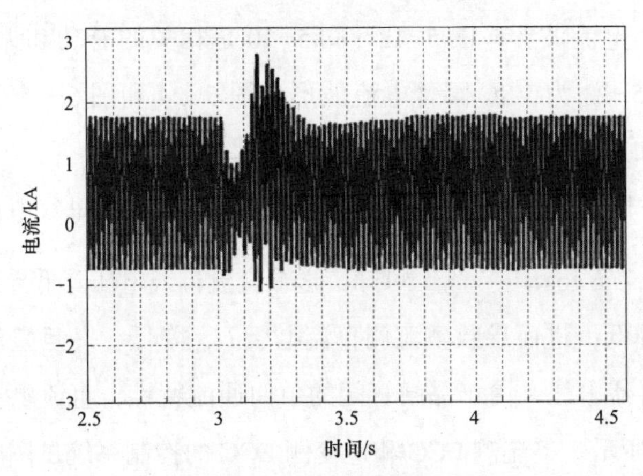

图 5-23　VSC3 阀臂电流

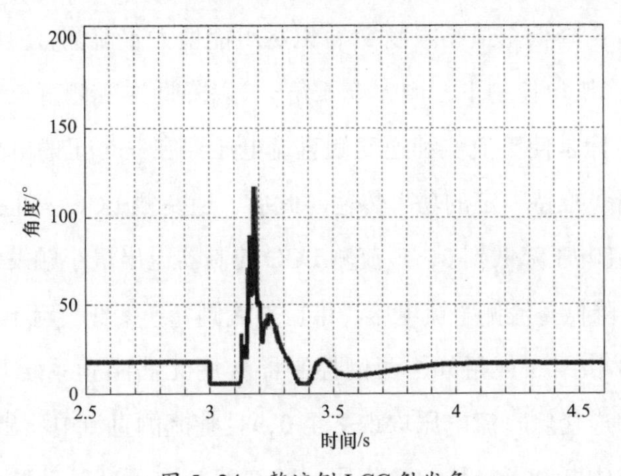

图 5-24　整流侧 LCC 触发角

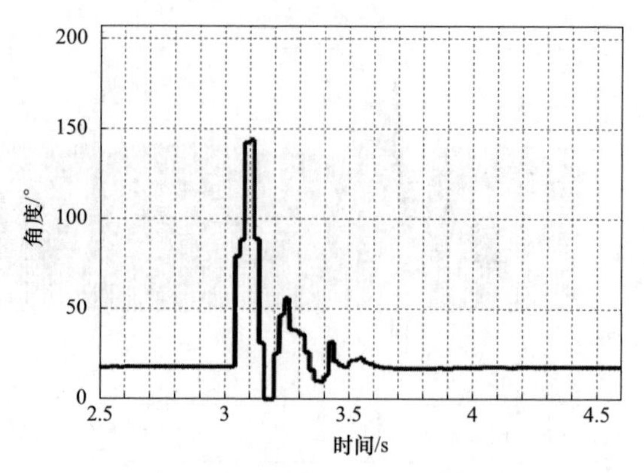

图 5-25　逆变侧 LCC 熄弧角

图 5-3～图 5-11 是多落点级联混合直流送端交流三相短路故障情况下的相关电压、电流波形，图 5-12～图 5-20 是相关的有功和无功功率波形，图 5-21～图 5-23 为 VSC 阀臂电流波形，图 5-24 和图 5-25 分别为整流侧 LCC 触发角和逆变侧 LCC 熄弧角波形。

由上述波形图可知，在 3s 发生故障瞬间，送端交流母线电压瞬时跌落至 0，由 $U_{\mathrm{dcr}}=2.7TE\cos\alpha-\frac{6}{\pi}I_{\mathrm{d}}X_{\mathrm{c}}$ 可知，送端交流母线电压降低导致换流变阀侧交流电压 E 降低，进而导致整流侧直流电压 U_{dcr} 降低，一旦整流侧直流电压低于逆变侧直流电压，由于晶闸管阀的单向通流特性，直流电流很快降低至 0，如图 5-8 所示。整流侧 LCC 和逆变侧 LCC 的控制系统试图防止系统进入功率中断状态，如图 5-24 和图 5-25 所示，整流侧 LCC 进入最小触发角控制，将触发角 α 降低至最小限制 5°，以尽可能增大整流侧直流电压，而逆变侧 LCC 在定熄弧角控制下，增大熄弧角 γ，以降低逆变侧直流电压，两侧控制器的作用目标是使整流侧和逆变侧直流电压存在一个正的电压降落，以保证电流不中断，维持一定的功率传输。此后，逆变侧 LCC 发生换相失败，逆变侧 LCC 直流电压降低到 0，整流侧 LCC 控制器退出最小触发角控制，通过增大触发角来降低整流侧直流电压，维持整流侧和逆变侧直流电压相匹配。

由图 5-3 和图 5-4 可知，两侧控制器作用无法阻止系统功率传输的中断，整流侧和逆变侧直流电压均跌落至 0，且整流侧直流电压出现反向冲击，由于直流电流中断和子模块放电作用，VSC 直流电压有所降低，为维持逆变侧整体直流电压为 0，逆变侧 LCC 直流电压降为 VSC 直流电压的负值，逆变侧 LCC 直流电压和 VSC 直流电压分别如图 5-6 和图 5-7 所示。

由图 5-9～图 5-11 和图 5-15、图 5-20 可知，一方面在 VSC2 和 VSC3 定有功功率控制器作用下，VSC2 和 VSC3 仍保持着一定的功率传输，另一方面，为保持 VSC 整体功率传输为 0，定直流电压站 VSC1 充当平衡节点，由逆变状态进入整流状态运行，以维持 VSC 总功率为 0 和保证 VSC2、VSC3 的功率传输。此外，在故障期间，VSC 的无功功率均产生了一定波动。

由图 5-21～图 5-23 可知，故障期间 VSC 阀臂电流均出现过流，考虑 IGBT 阀两倍过流能力（认为 IGBT 额定电流 1.5kA），阀臂电流均未超过 IGBT 过流限值，无须采取额外保护措施，VSC 直流电压由图 5-7 可知，故障切除后上升至接近 1.1 倍过压（约 440kV），需要考虑采取额外保护措施。

5.2　逆变侧 LCC 交流母线发生三相短路接地故障

逆变侧 LCC 交流母线发生三相瞬时性短路接地故障时，故障设置在 3s 时发生，持续 0.1s。送端和受端交流系统母线电压仿真波形分别如图 5-26 和图 5-27 所示。

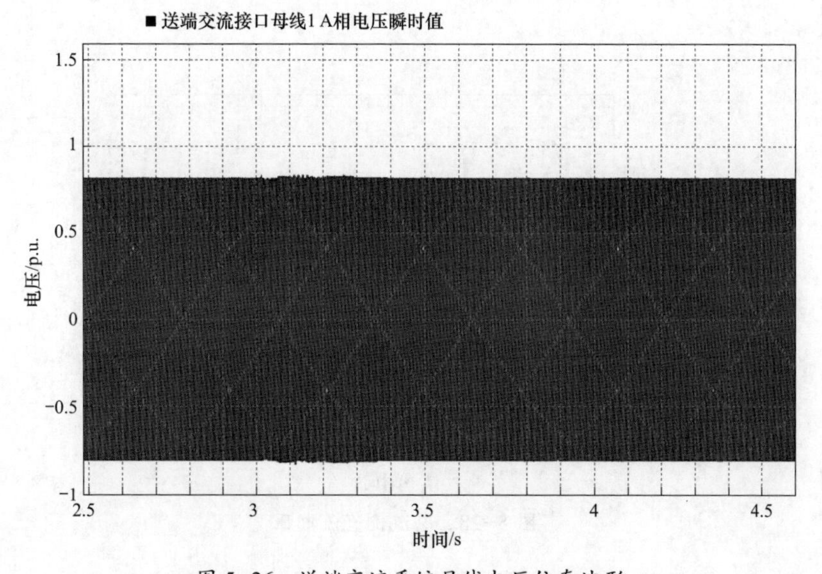

图 5-26　送端交流系统母线电压仿真波形

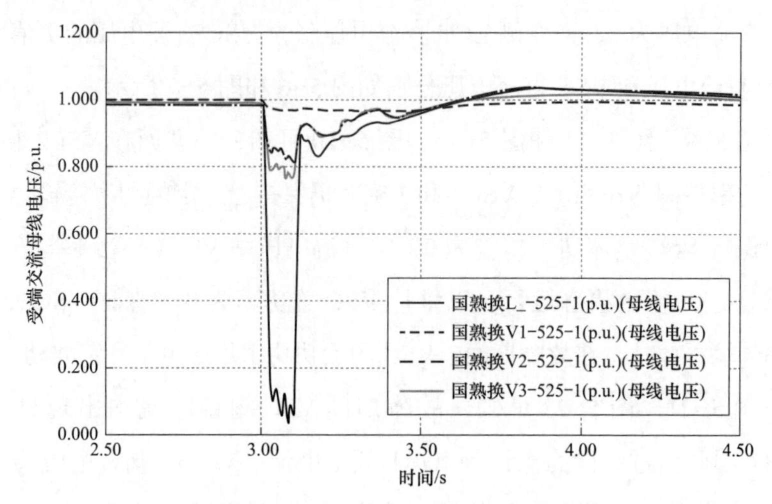

图 5-27　受端交流系统母线电压仿真波形

由图 5-27 可知，受端交流母线发生三相短路接地故障，3s 时逆变侧 LCC 交流母线（国熟换 L）、VSC 各交流母线（国熟换 V1～V3）电压均发生不同程度下降，其中国熟换 L 母线电压跌落最严重，几乎跌落至 0p.u.，VSC 各交流母线受交流系统相互连接的影响，以国熟换 V3 母线电压跌落最多，跌落至 0.8p.u. 以下，国熟换 V1 母线电压跌落较小。整流侧交流母线电压由于受此故障影响较小，未见明显波动。相关仿真波形如图 5-28～图 5-50 所示。

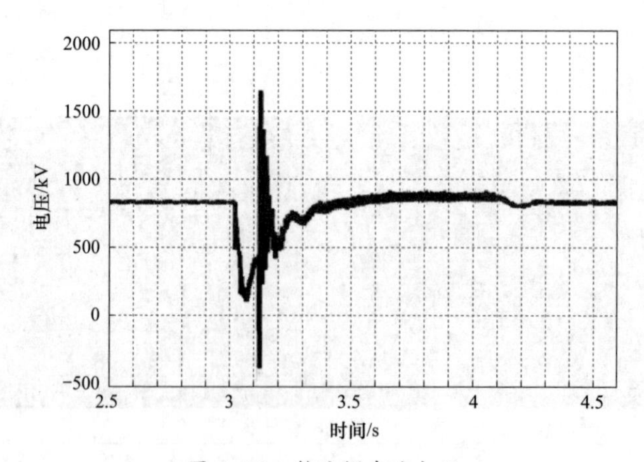

图 5-28　整流侧直流电压

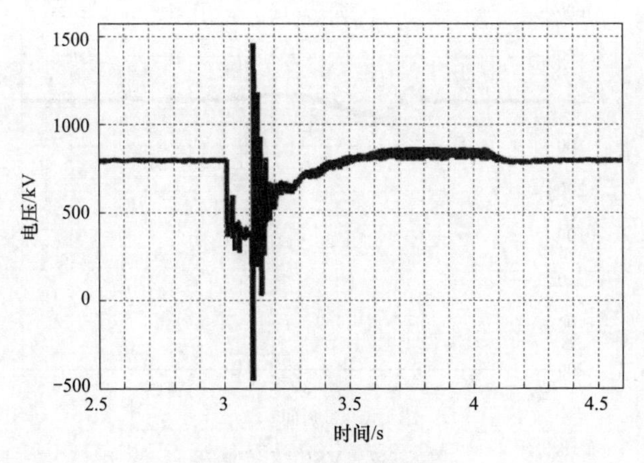

图 5-29　逆变侧直流电压

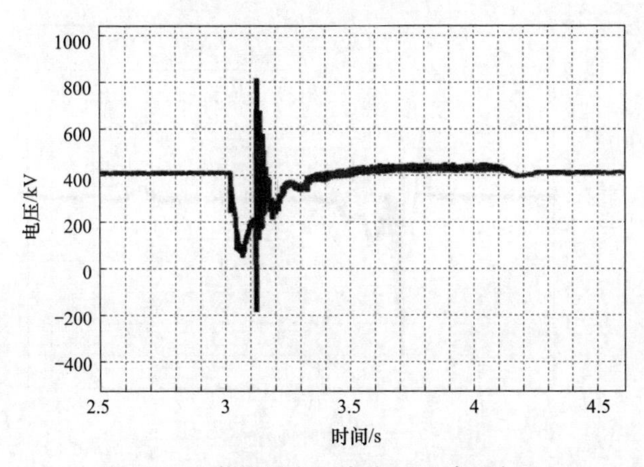

图 5-30　整流侧十二脉动 LCC 直流电压

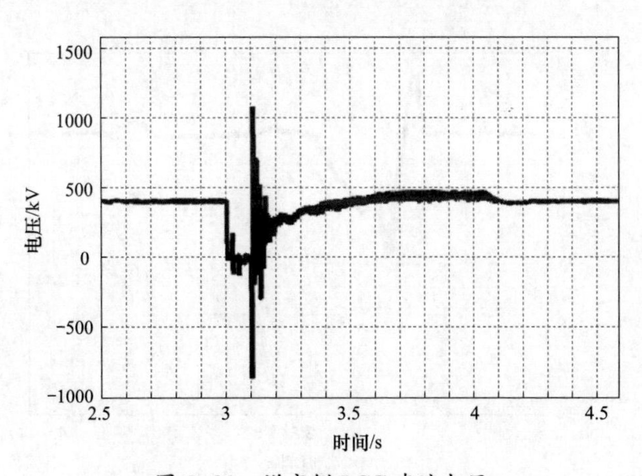

图 5-31　逆变侧 LCC 直流电压

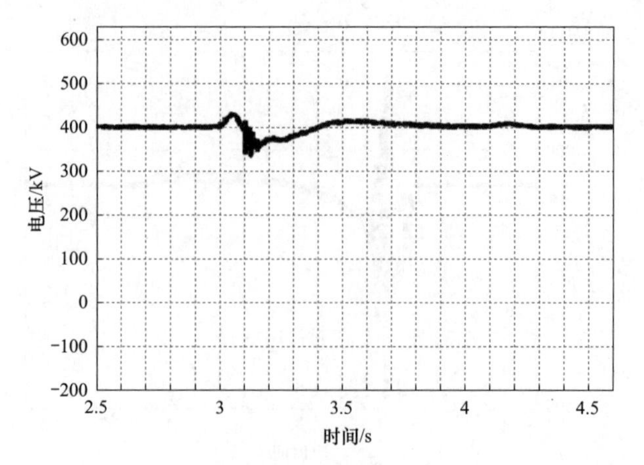

图 5-32　VSC 直流电压

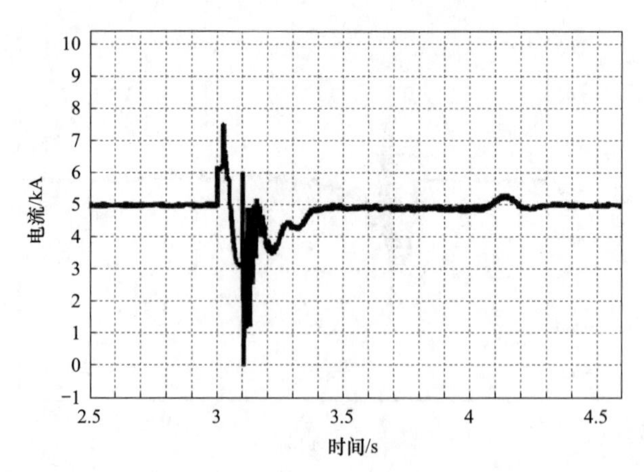

图 5-33　正极直流电流

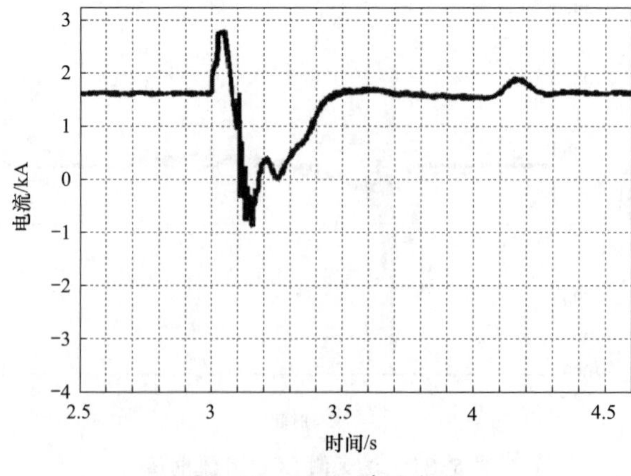

图 5-34　VSC1 直流电流

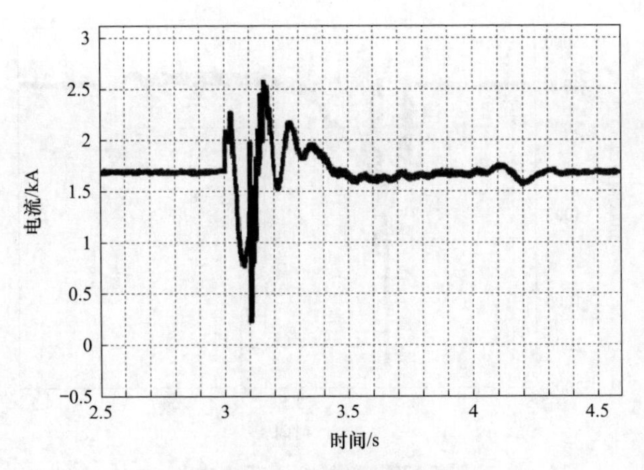

图 5-35　VSC2 直流电流

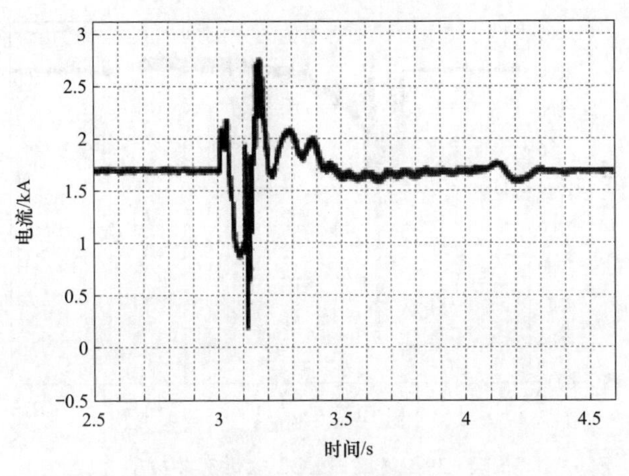

图 5-36　VSC3 直流电流

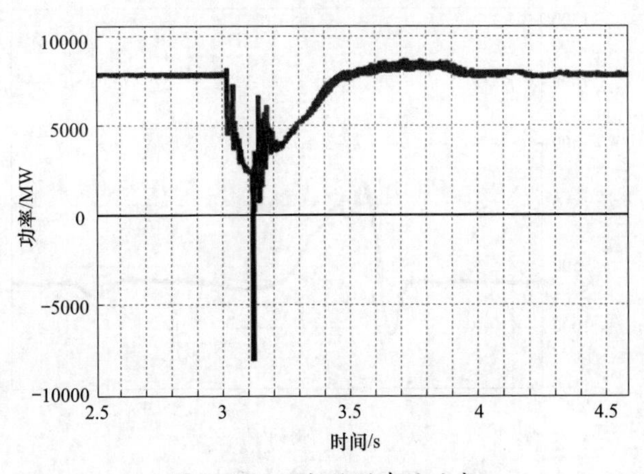

图 5-37　双极输送有功功率

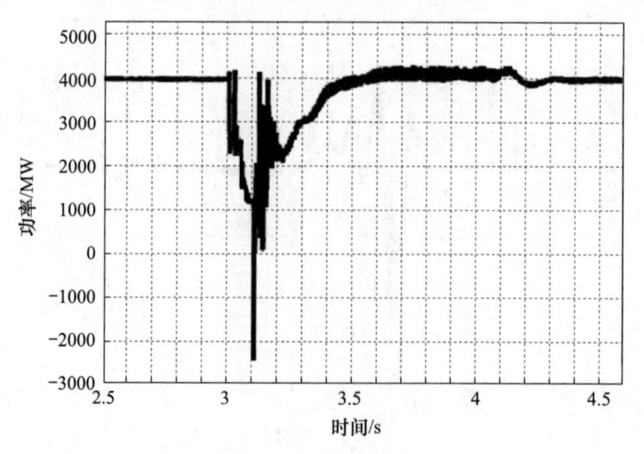

图 5-38 单极输送有功功率

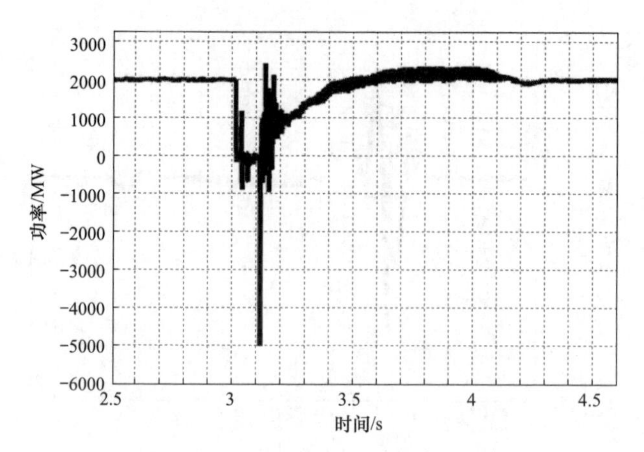

图 5-39 逆变侧 LCC 输送有功功率

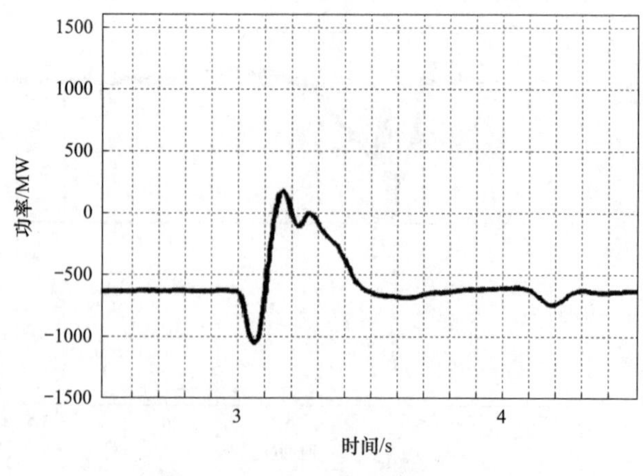

图 5-40 VSC1 输送有功功率

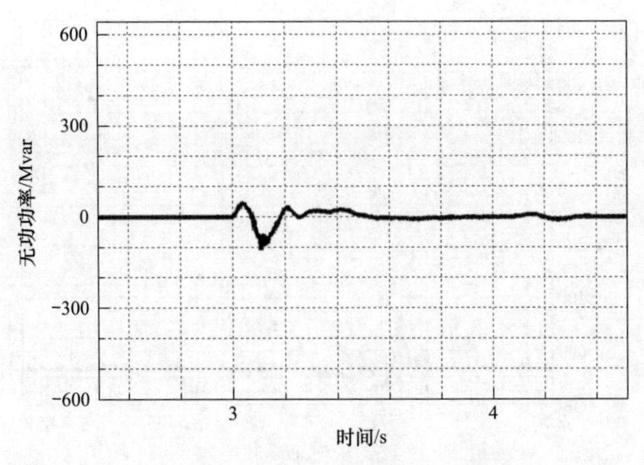

图 5-41　VSC1 输送无功功率

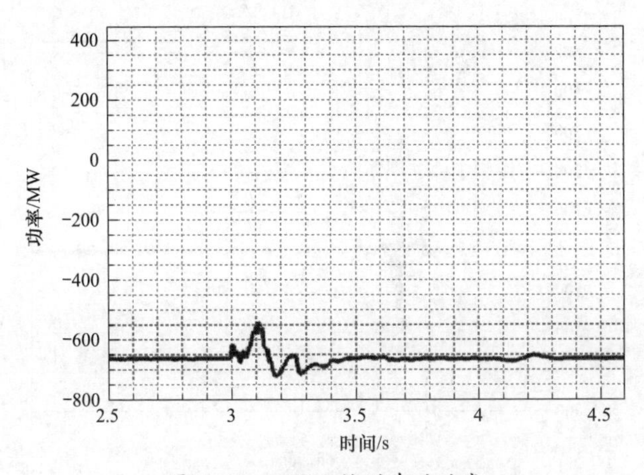

图 5-42　VSC2 输送有功功率

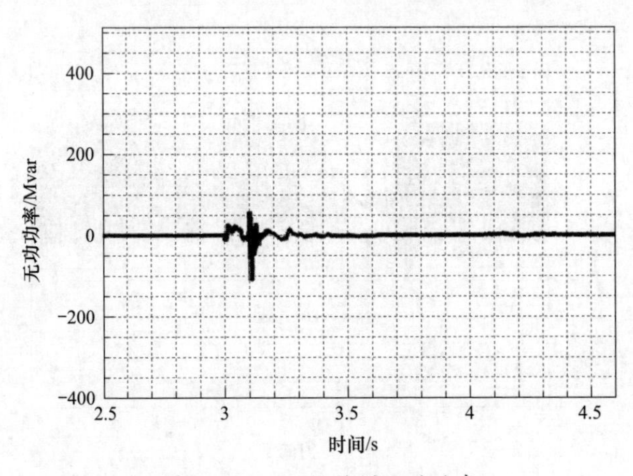

图 5-43　VSC2 输送无功功率

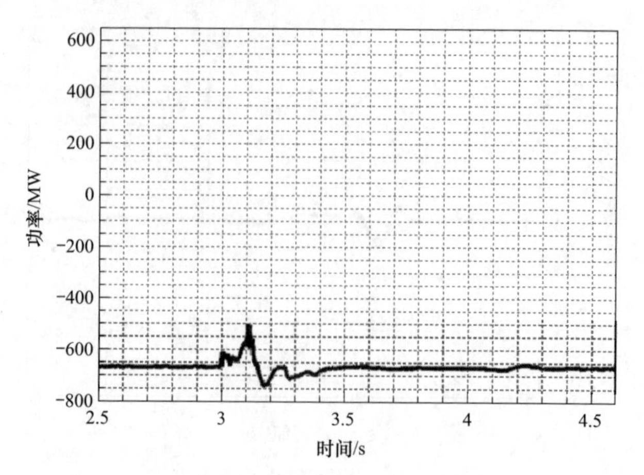

图 5-44　VSC3 输送有功功率

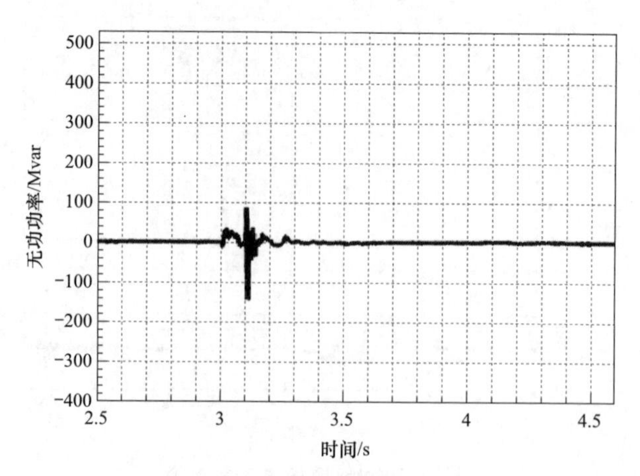

图 5-45　VSC3 输送无功功率

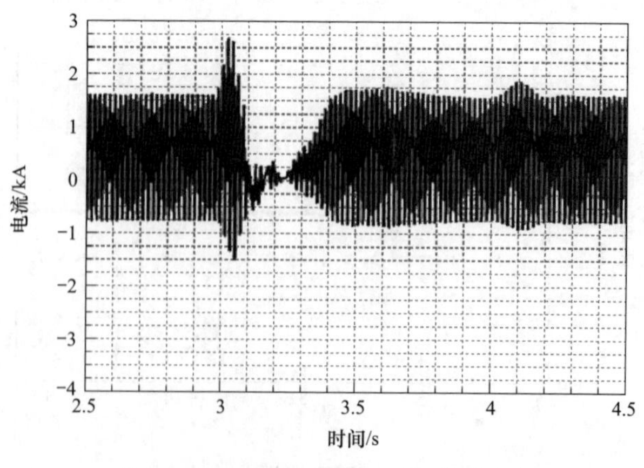

图 5-46　VSC1 阀臂电流（a 相为例）

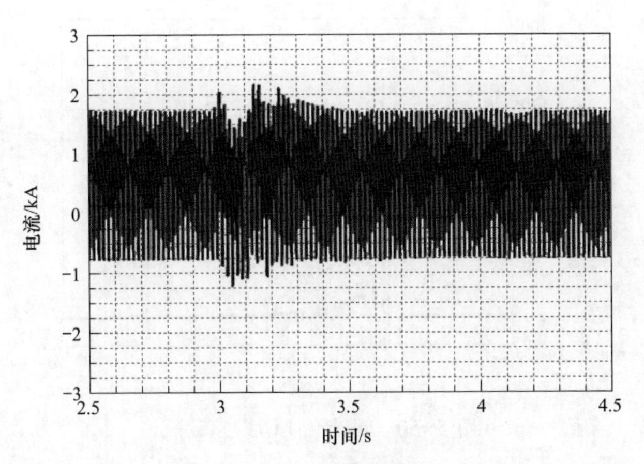

图 5-47　VSC2 阀臂电流

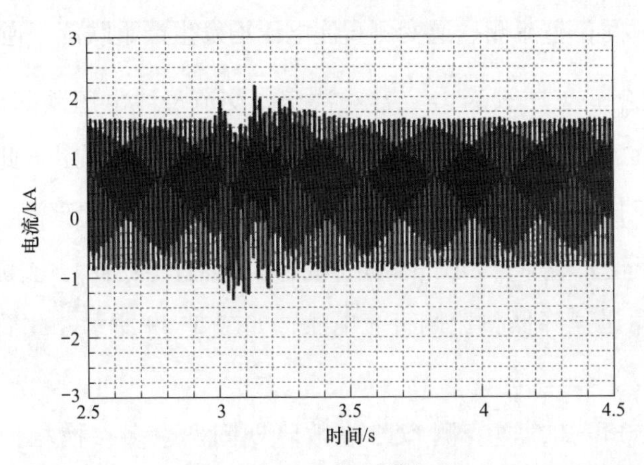

图 5-48　VSC3 阀臂电流

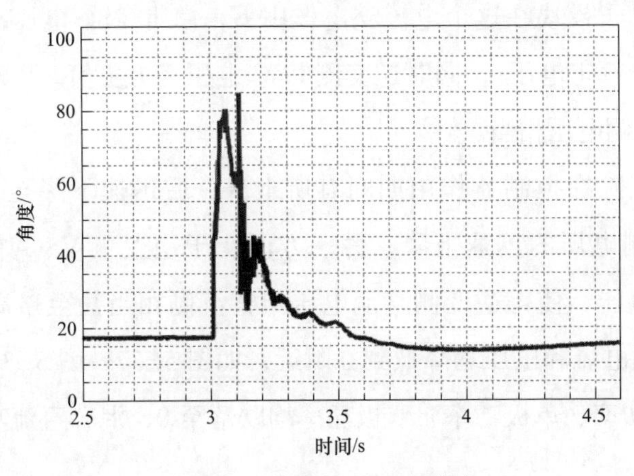

图 5-49　整流侧 LCC 触发角

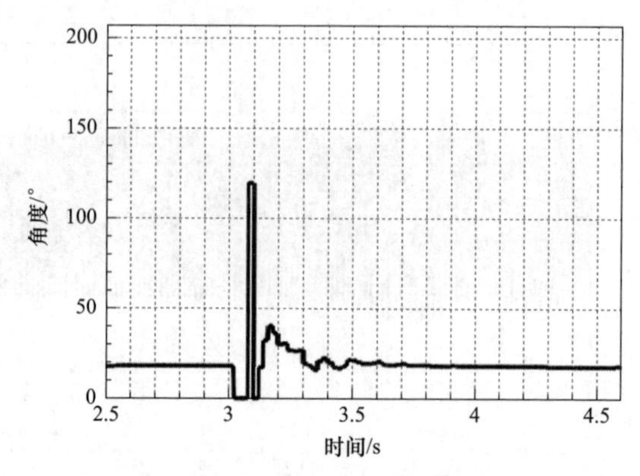

图 5-50　逆变侧 LCC 熄弧角

由图 5-28～图 5-31 可知，受端 LCC 交流系统发生三相短路接地故障时，3s 故障瞬间，整流侧、逆变侧直流电压均发生严重跌落，逆变侧 LCC 直流电压由式 $U_{\mathrm{dci}}=2.7TE\cos y-\frac{6}{\pi}I_{\mathrm{d}}X_{\mathrm{c}}$ 决定，交流母线电压跌落至接近 0p.u.，则逆变侧 LCC 直流电压 U_{dci} 迅速跌落至 0，如图 5-31 所示。此时由于整流侧定直流电流控制器的作用，整流侧无法保持一个较大的直流电压，否则会造成直流电流较大增加，如图 5-33 中故障后的上升段所示。整流侧控制系统通过增大 α 角迅速降低整流侧直流电压，如图 5-49 所示，此后直流电流开始下降。

由图 5-50 可知，逆变侧 LCC 在故障期间发生多次换相失败，逆变侧 LCC 直流侧发生短接，直流电压降至 0。由于直流电流在故障期间存在一个上升段，VSC 子模块在这个电流充电作用下，使得 VSC 电压有所抬升，至 440kV（1.1 倍额定电压），同时逆变侧 LCC 电压变为负值，以维持逆变侧直流电压与整流侧电压相当。

直流电流除在控制器作用期间有所上升，后迅速下降至 0，原因一方面在于整流侧电压的迅速下降，另一方面在于逆变侧 VSC 始终维持一个较大的直流电压，使得逆变侧直流电压与整流侧相当甚至略高于整流侧电压。由于直流电流和电压均降低到 0 附近，如图 5-37～图 5-39 所示，逆变侧 LCC 输送功率、单极功率、双极功率均跌落至 0，混合直流功率传输发生中断。

由图 5-34～图 5-36 可知，由于直流电流存在一个上升段，所以 VSC1～VSC3 的直流电流也存在相应的上升段，此后直流电流迅速降低至 0。但 VSC2 和 VSC3 定有功功率控制器作用下，仍保持一定的有功功率传输，为保证 VSC2 和 VSC3 的功率传输，且 VSC 总功率为 0，定直流电压站 VSC1 充当平衡节点，进入整流状态运行，从所连接的交流系统吸收有功功率，维持 VSC 的整体运行。故障期间各 VSC 的无功功率均产生一定波动，阀臂电流均未超过两倍过流限制。

5.3　逆变侧 VSC1 交流母线发生三相短路接地故障

逆变侧定直流电压站 VSC1 交流母线发生三相瞬时性短路接地故障时，故障设置在 3s 时发生，持续 0.1s。送端和受端交流系统母线电压仿真波形分别如图 5-51 和图 5-52 所示。

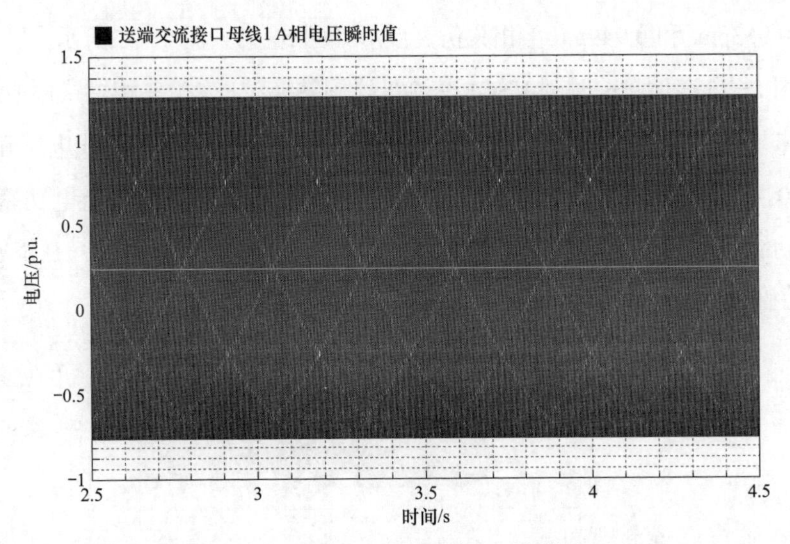

图 5-51　送端交流系统母线电压仿真波形

由图可知，逆变侧 VSC1 交流母线发生三相短路接地故障，对送端交流母线几乎无影响，而受端 VSC1 交流母线国熟换 V1 故障瞬间跌落至接近 0p.u.，不同 VSC 交流系统相互之间存在线路连接，导致 VSC2 和 VSC3 的交流母线电压均产生了约为 3% 的小幅跌落，逆变侧 LCC 交流母线国熟换 L 也

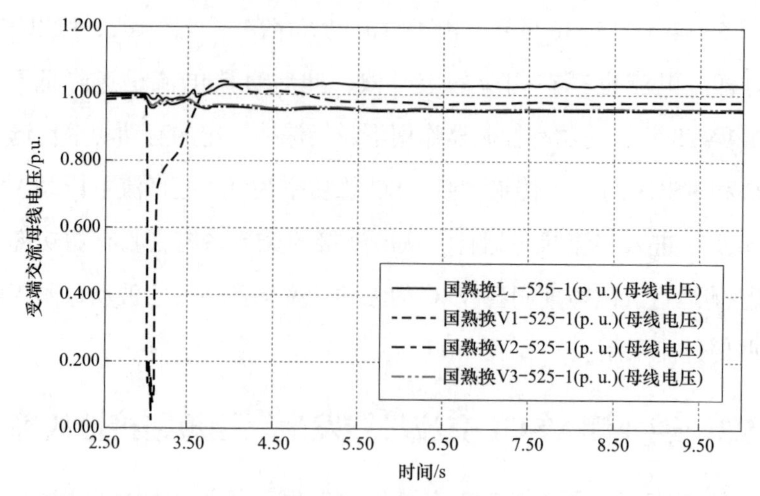

图 5-52　受端交流系统母线电压仿真波形

存在小幅跌落，故障切除后，国熟换 L 升至 1.02p.u.，VSC1 交流母线国熟换 V1 恢复到 0.97p.u.，VSC2 和 VSC3 交流母线国熟换 V2、国熟换 V3 分别恢复到 0.953p.u. 和 0.949p.u.。相关仿真波形如图 5-53～图 5-75 所示。

图 5-75 表明，3s 时刻 VSC1 交流母线国熟换 V1 发生三相短路接地故障，但并未导致逆变侧高端 LCC 发生换相失败。由于 VSC1 交流母线电压几乎跌落至 0，无法向外传输功率，VSC1 两端功率不平衡，子模块充电功率大于放电功率，子模块电容不断得到充电，导致 VSC 电压不断提高，升至 650～750kV 附近波动，定直流电压站此时已失去直流电压控制能力。

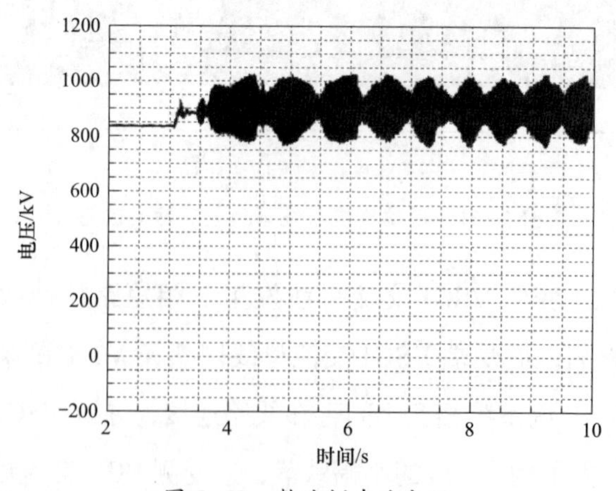

图 5-53　整流侧直流电压

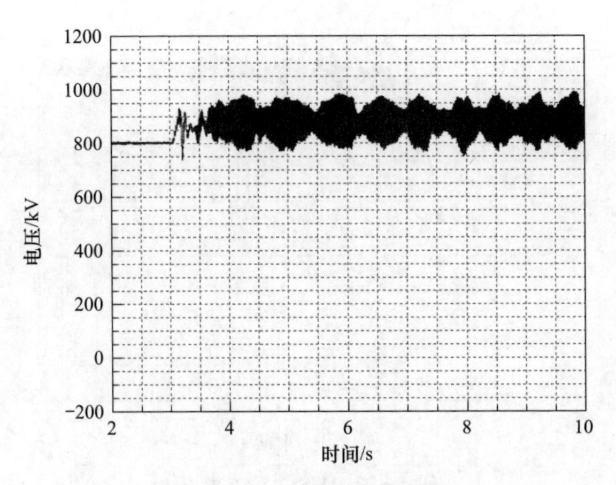

图 5-54　逆变侧直流电压

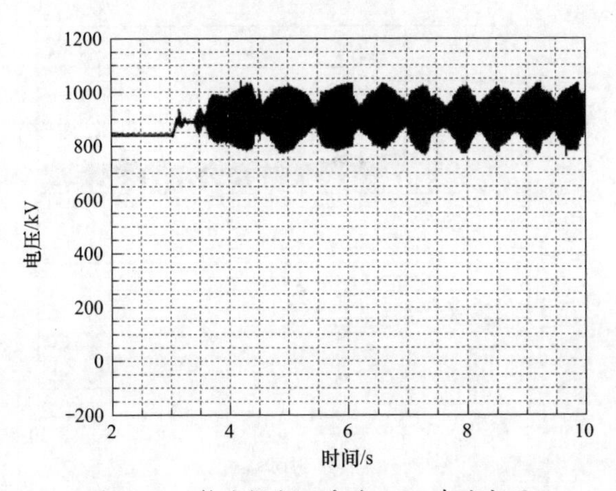

图 5-55　整流侧十二脉动 LCC 直流电压

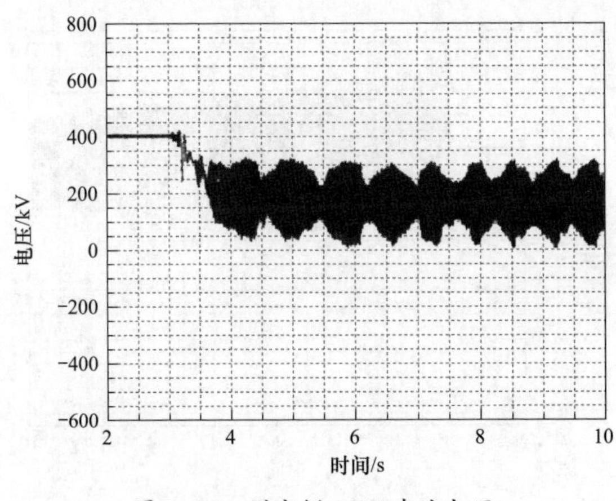

图 5-56　逆变侧 LCC 直流电压

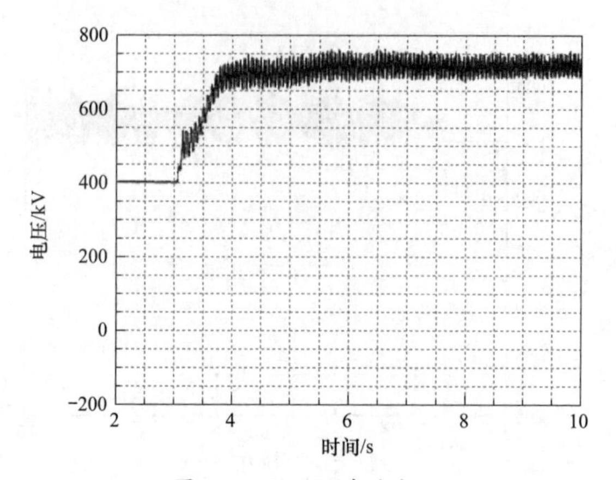

图 5-57　VSC 直流电压

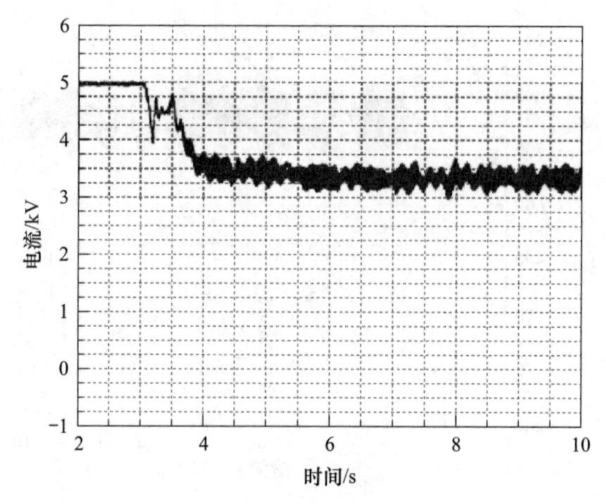

图 5-58　正极直流电流

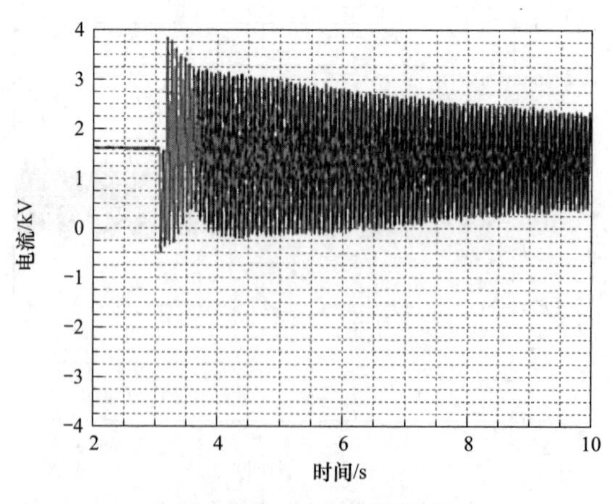

图 5-59　VSC1 直流电流

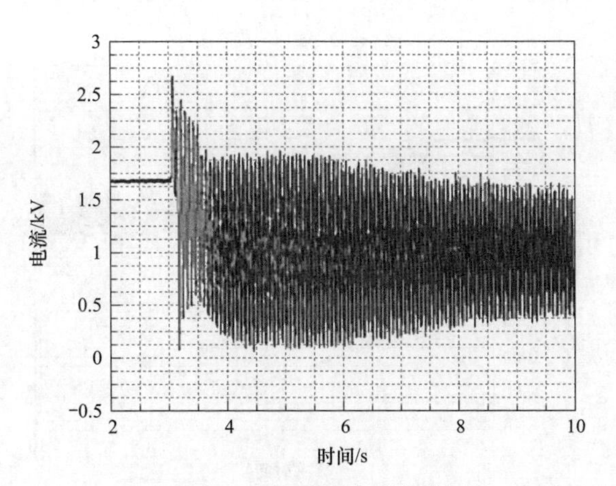

图 5-60　VSC2 直流电流

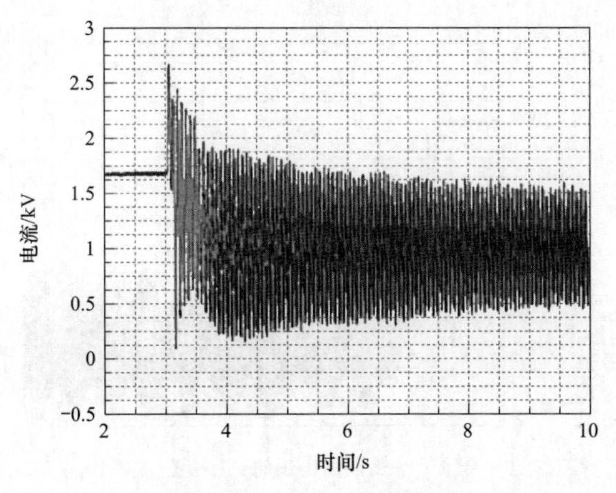

图 5-61　VSC3 直流电流

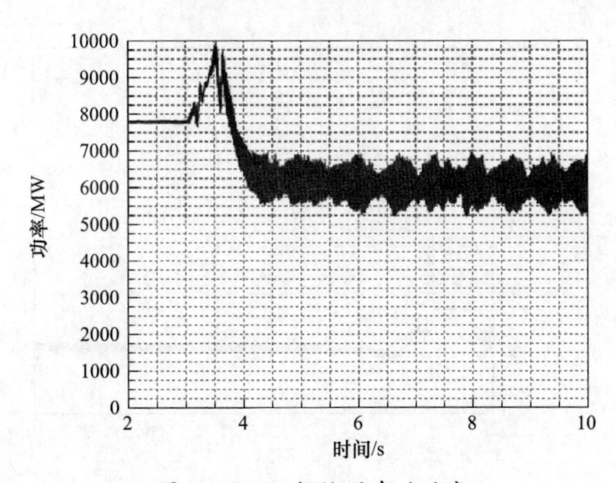

图 5-62　双极输送有功功率

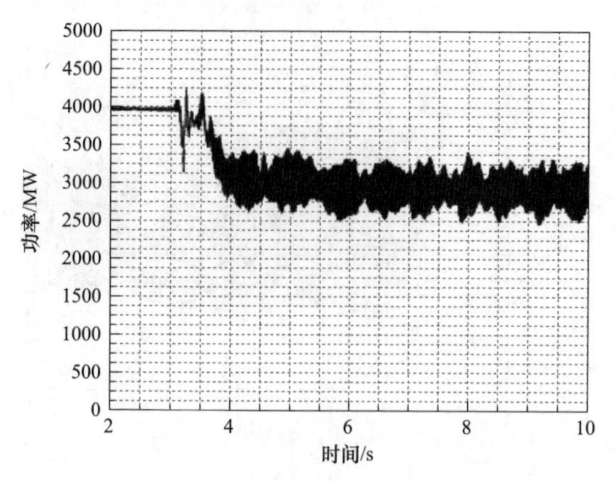

图 5-63　单极输送有功功率

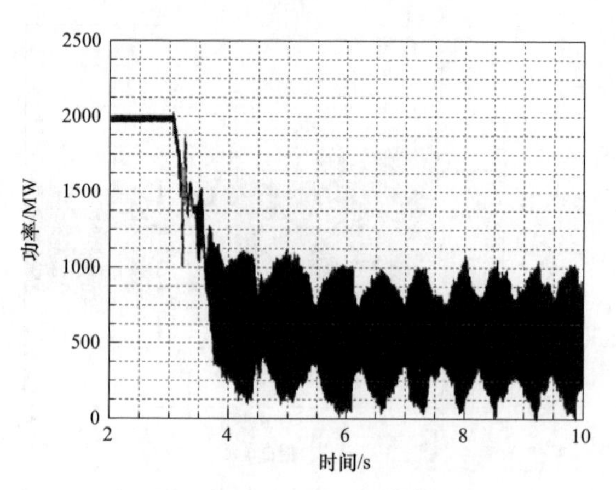

图 5-64　逆变侧 LCC 输送有功功率

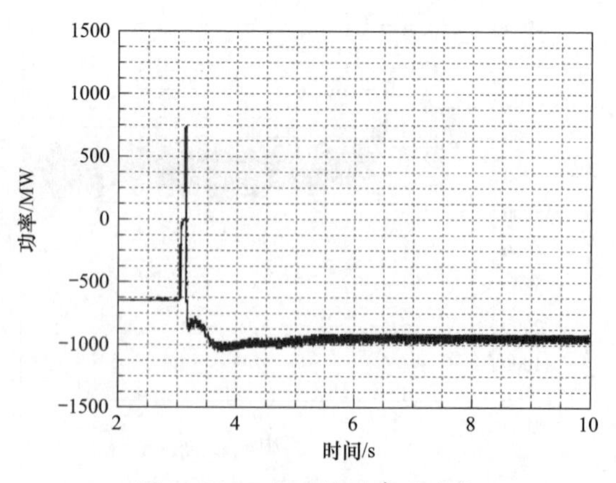

图 5-65　VSC1 输送有功功率

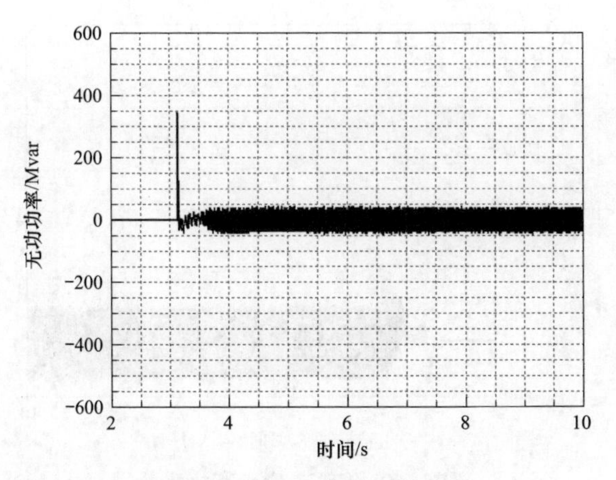

图 5-66　VSC1 输送无功功率

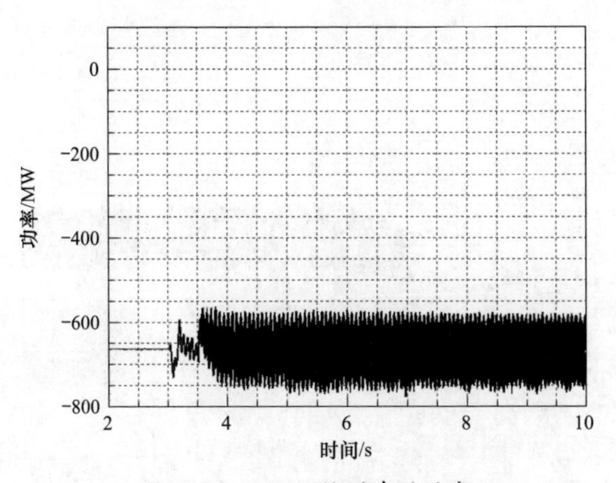

图 5-67　VSC2 输送有功功率

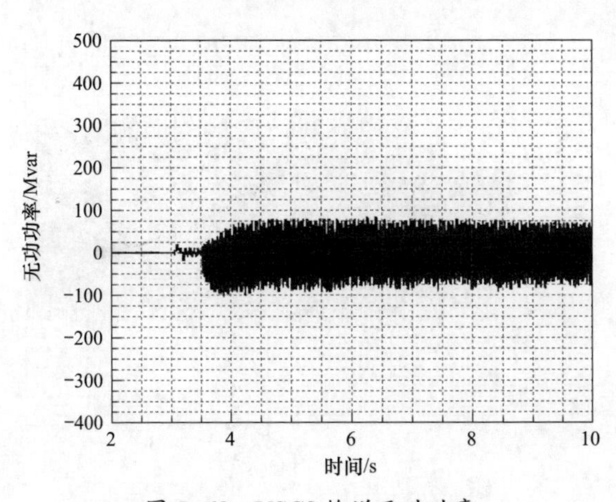

图 5-68　VSC2 输送无功功率

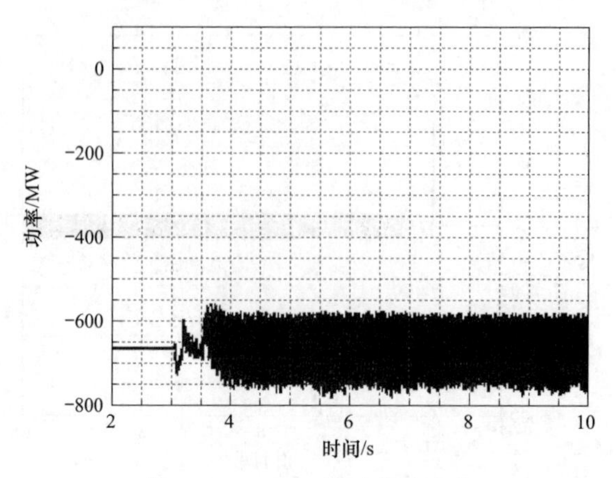

图 5-69　VSC3 输送有功功率

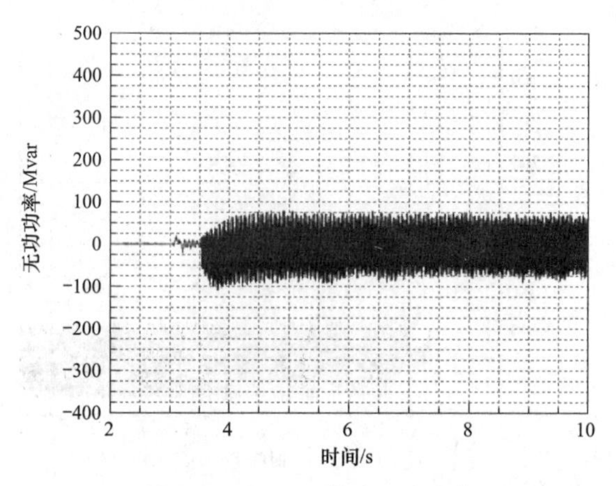

图 5-70　VSC3 输送无功功率

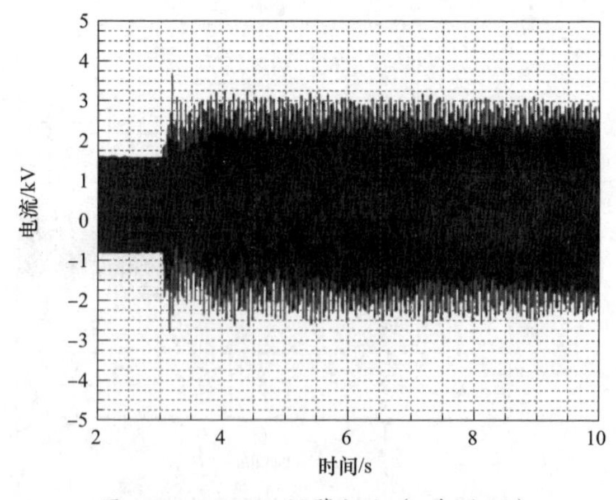

图 5-71　VSC1 阀臂电流（a 相为例）

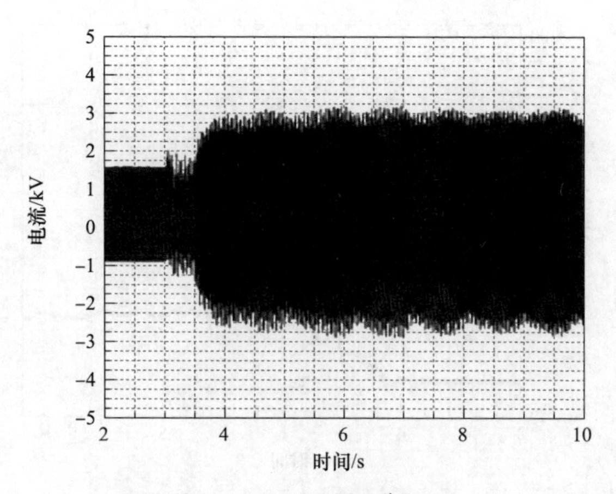

图 5-72　VSC2 阀臂电流

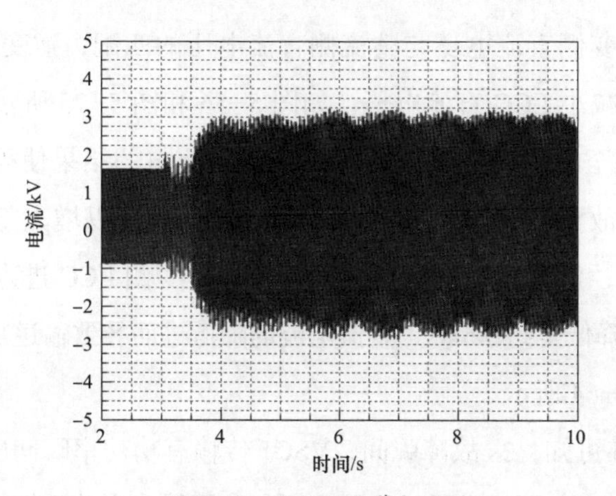

图 5-73　VSC3 阀臂电流

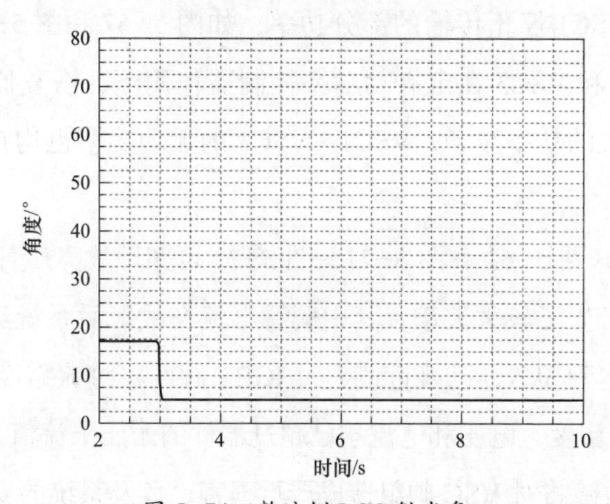

图 5-74　整流侧 LCC 触发角

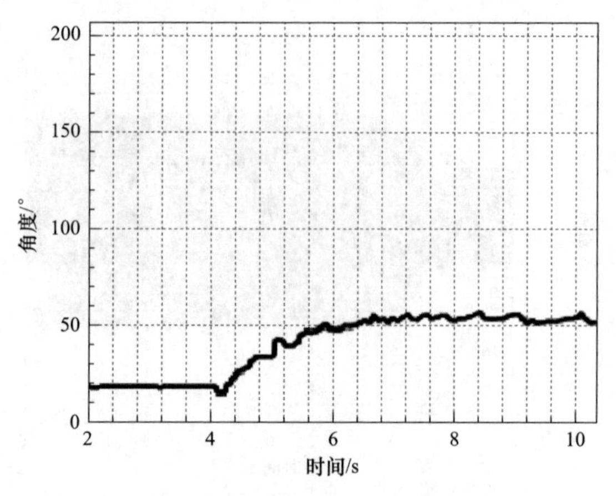

图 5-75　逆变侧 LCC 熄弧角

为维持逆变侧直流电压与整流侧直流电压的匹配，逆变侧 LCC 通过增大熄弧角 γ 来减小 LCC 直流电压，如图 5-56 和图 5-75 所示，其中逆变侧 LCC 电压降低至约 100kV 附近波动。但 VSC 充电的结果使得逆变侧直流电压有所抬升，故整流侧 LCC 进入最小触发角控制，以增大整流侧直流电压与逆变侧匹配，整流侧失去电流控制能力，逆变侧 LCC 进入定直流电流控制，直流电流降低至约 3.5kA，直流电流的降低进而导致输送功率的降低，如图 5-62～图 5-64 所示。

由图 5-65 可知，3s 故障瞬间，VSC1 传输有功功率瞬间中断，经过 0.1s 故障切除后，VSC1 短暂进入整流状态运行，同时，在故障期间，由 VSC2 和 VSC3 来传输 VSC1 停止传输的部分功率，如图 5-67 和图 5-69 所示，故障切除后，VSC2 和 VSC3 在定有功功率控制器作用下，恢复原有功率传输水平，但存在较大的功率波动，VSC1～VSC3 的无功功率也均在故障后产生了较大波动。

由图 5-59～图 5-61 和图 5-71～图 5-73 可知，故障后各 VSC 直流电流和阀臂电流均产生了较大波动，其中阀臂电流在故障后系统进入新的运行状态后电流峰值达到 3kA，已接近或超过 IGBT 阀两倍过流裕度，此外 VSC 电压已远超 1.1 倍裕度，电压和电流均已超过器件的耐压限流值，若不采取额外保护措施，该故障将对 VSC 阀组造成严重损害，危及系统的安全稳定运行。

5.4　逆变侧 VSC2 交流母线发生三相短路接地故障

逆变侧定有功功率站 VSC2 交流母线发生三相瞬时性短路接地故障时，故障设置在 3s 时发生，持续 0.1s，送端和受端交流系统母线电压仿真波形分别如图 5-76 和图 5-77 所示。

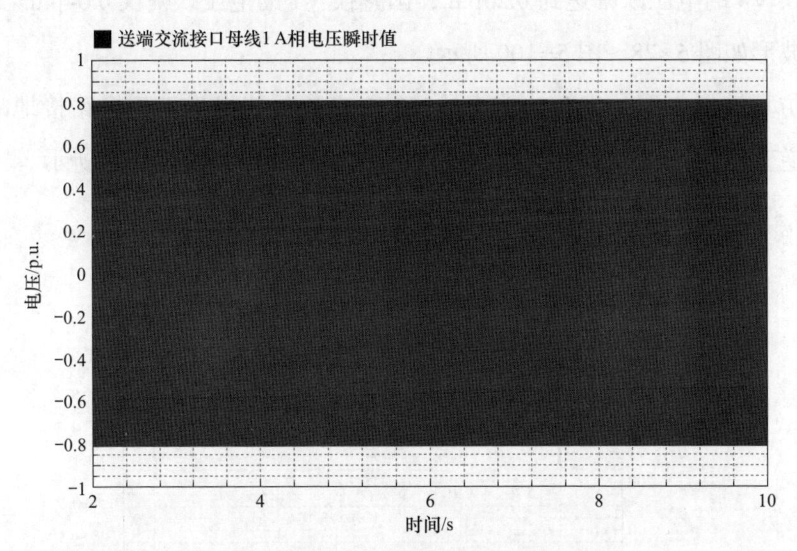

图 5-76　送端交流系统母线电压仿真波形

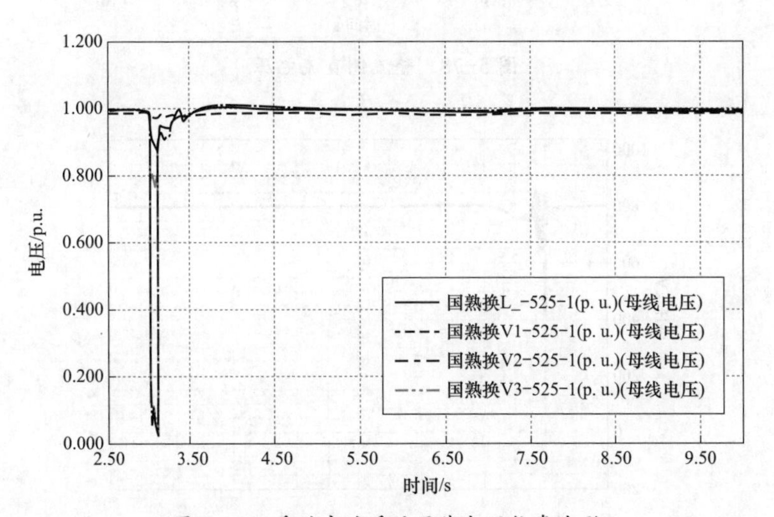

图 5-77　受端交流系统母线电压仿真波形

由图 5-76 可知，逆变侧 VSC2 交流母线发生三相短路接地故障，对送端交流母线几乎无影响，而受端 VSC2 交流母线国熟换 V2 故障瞬间跌落至接近 0p.u.，与前述类似，不同 VSC 交流系统相互之间存在线路连接，导致国熟换 V1 和国熟换 V3 母线电压均发生跌落，与之前不同的是，逆变侧 LCC 交流母线电压降落相较于 VSC1 交流母线故障情况有更大的跌幅，跌幅达到 0.13p.u.，国熟换 V3 的电压跌幅达到 0.25p.u.，国熟换 V1 的电压跌幅仅 0.04p.u.。相关仿真波形如图 5-78～图 5-100 所示。

仿真波形表明，定有功功率站 VSC2 交流母线发生三相短路接地故障，引发逆变侧 LCC 发生换相失败，逆变侧 LCC 熄弧角如图 5-100 所示。

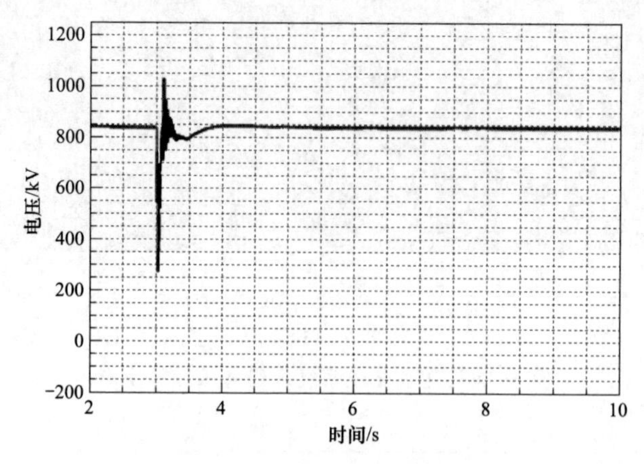

图 5-78　整流侧直流电压

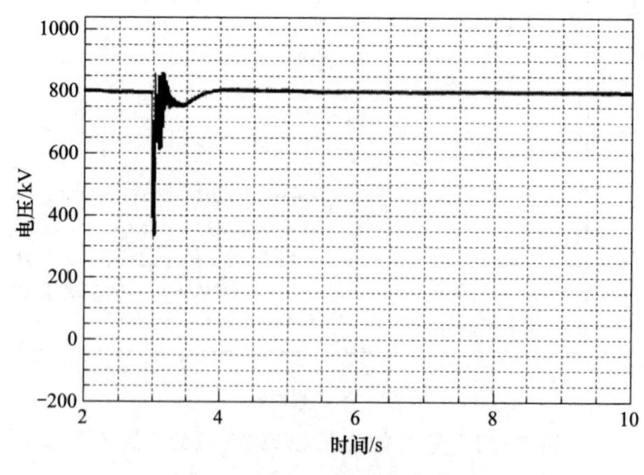

图 5-79　逆变侧直流电压

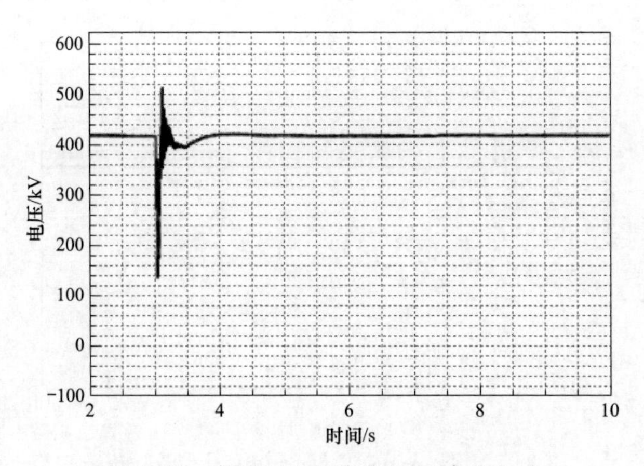

图 5-80　整流侧十二脉动 LCC 直流电压

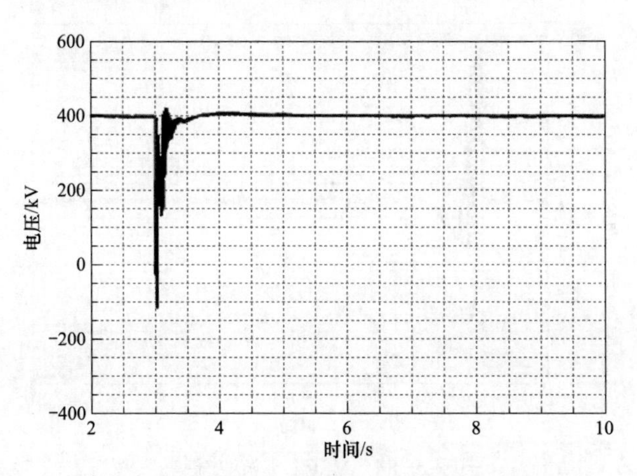

图 5-81　逆变侧 LCC 直流电压

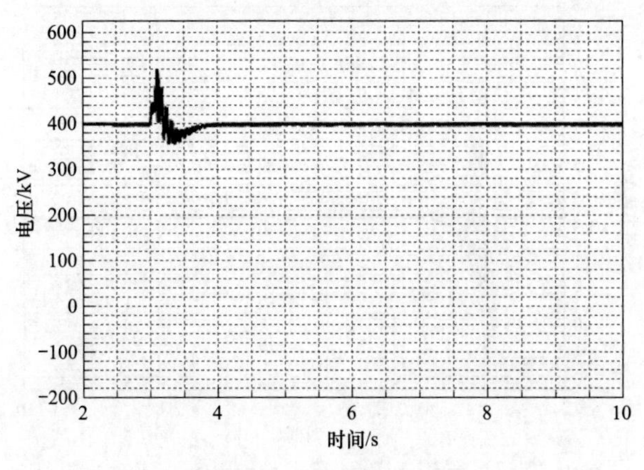

图 5-82　VSC 直流电压

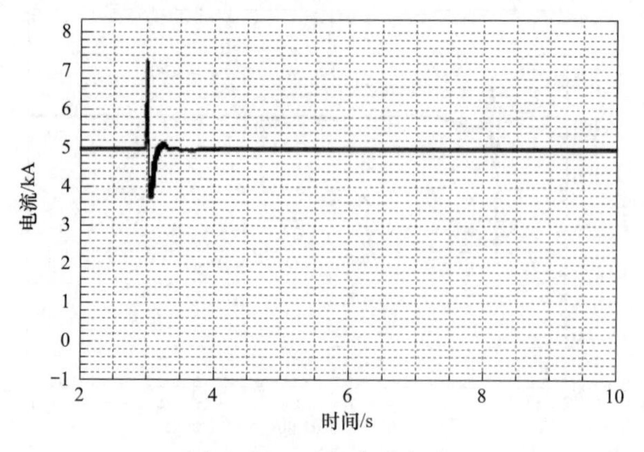

图 5-83　正极直流电流

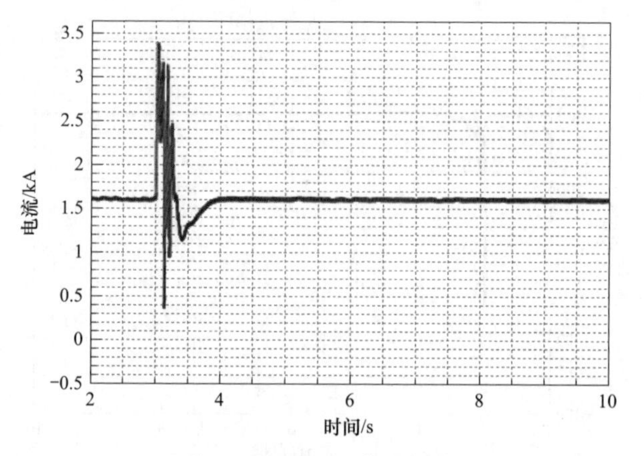

图 5-84　VSC1 直流电流

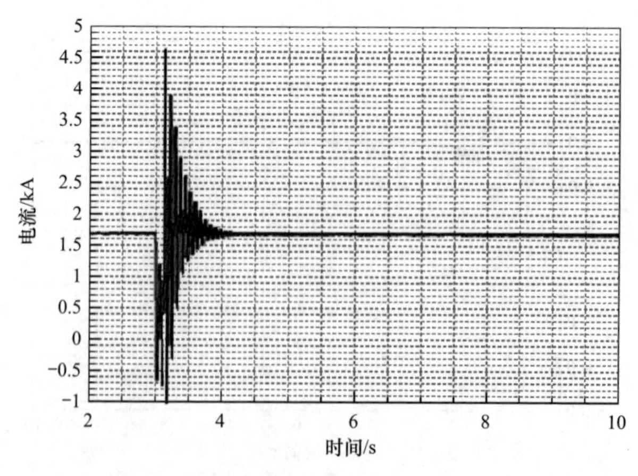

图 5-85　VSC2 直流电流

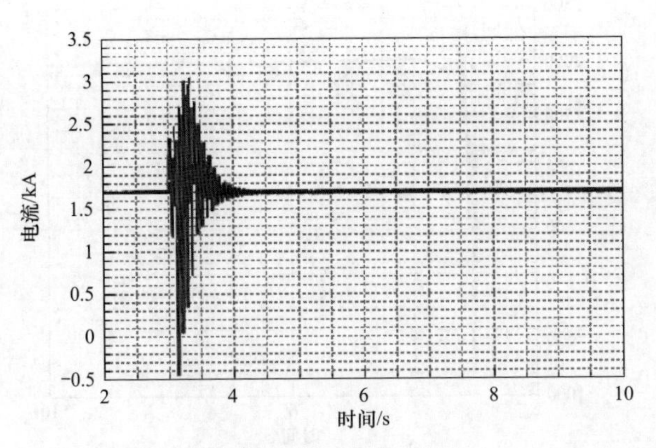

图 5-86　VSC3 直流电流

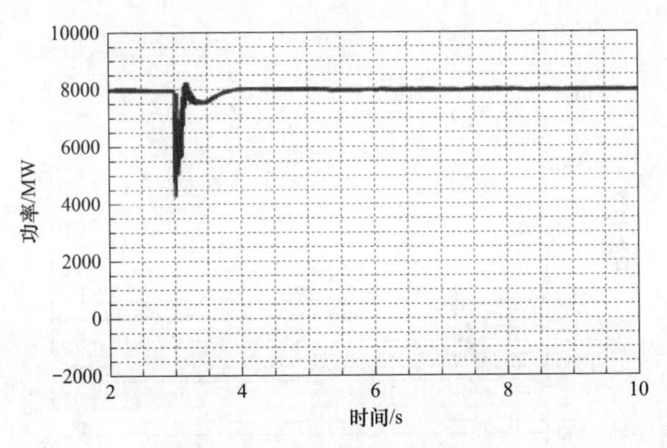

图 5-87　双极输送有功功率

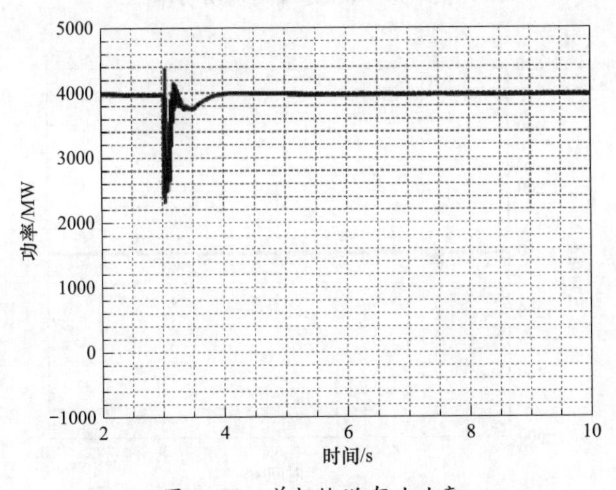

图 5-88　单极输送有功功率

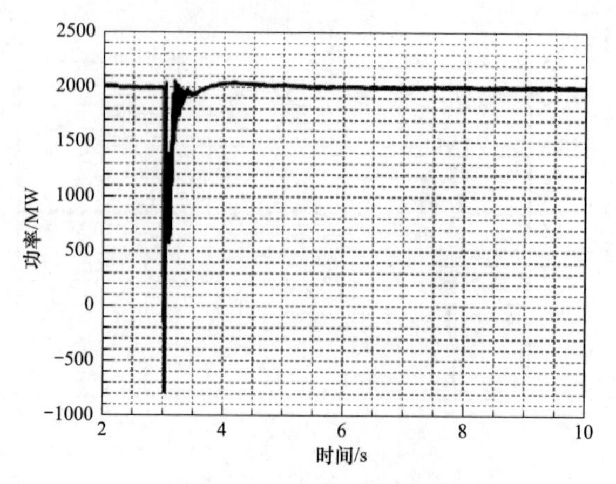

图 5-89　逆变侧 LCC 输送有功功率

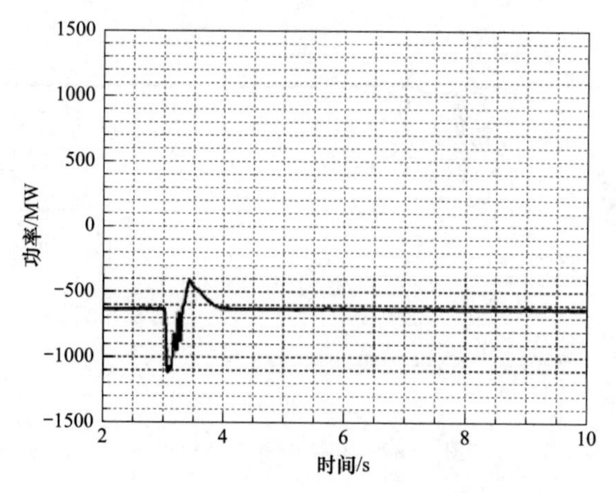

图 5-90　VSC1 输送有功功率

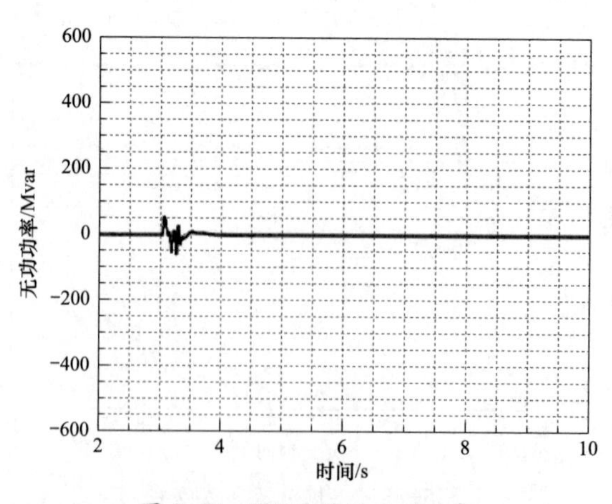

图 5-91　VSC1 输送无功功率

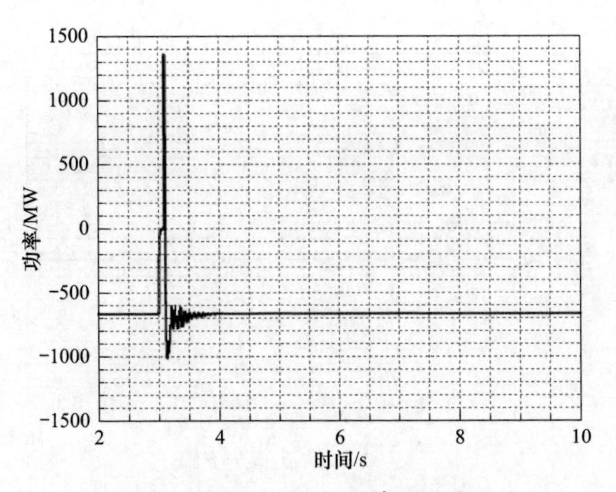

图 5-92　VSC2 输送有功功率

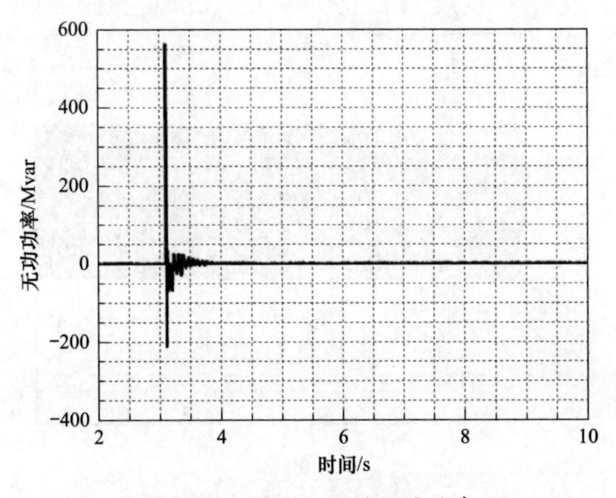

图 5-93　VSC2 输送无功功率

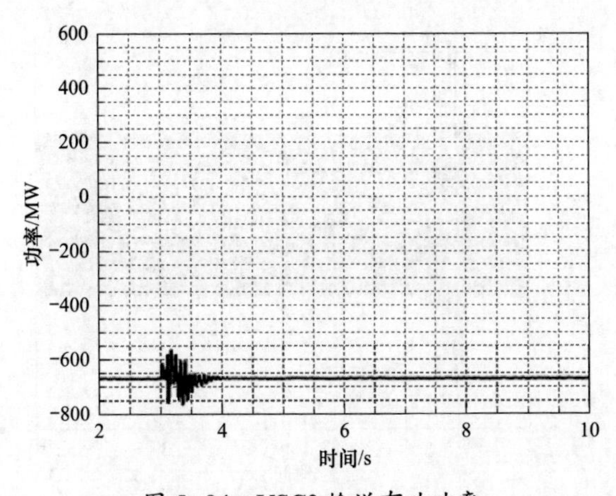

图 5-94　VSC3 输送有功功率

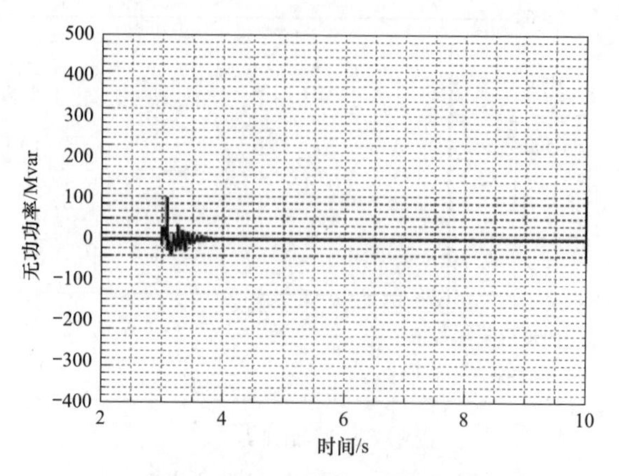

图 5-95　VSC3 输送无功功率

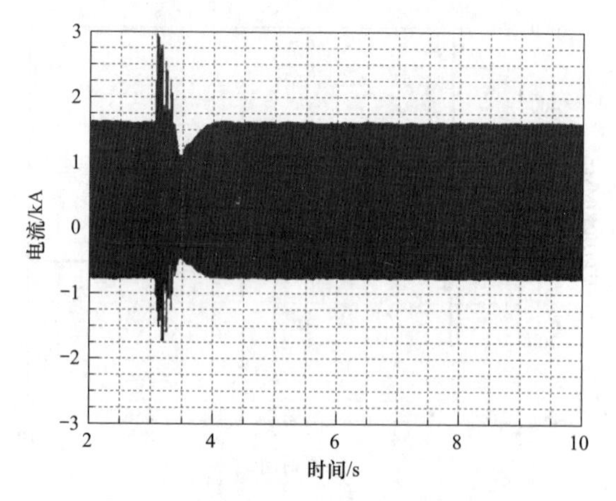

图 5-96　VSC1 阀臂电流（a 相为例）

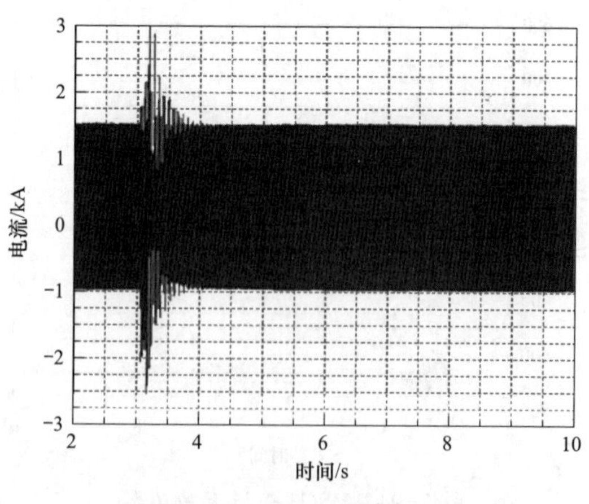

图 5-97　VSC2 阀臂电流

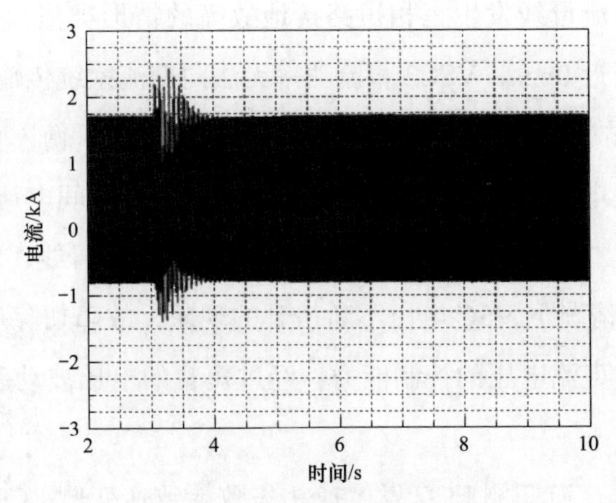

图 5-98　VSC3 阀臂电流

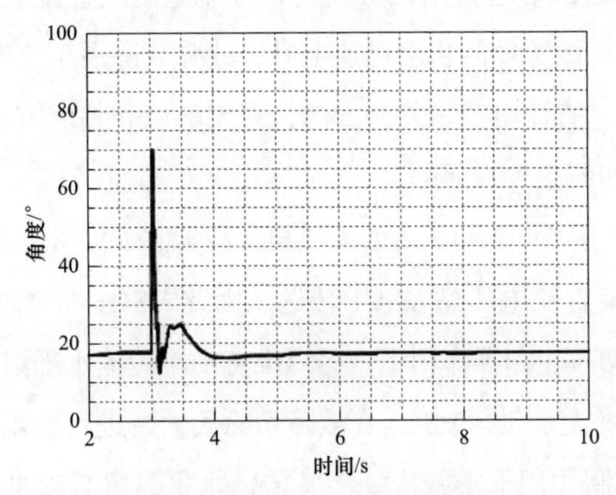

图 5-99　整流侧 LCC 触发角

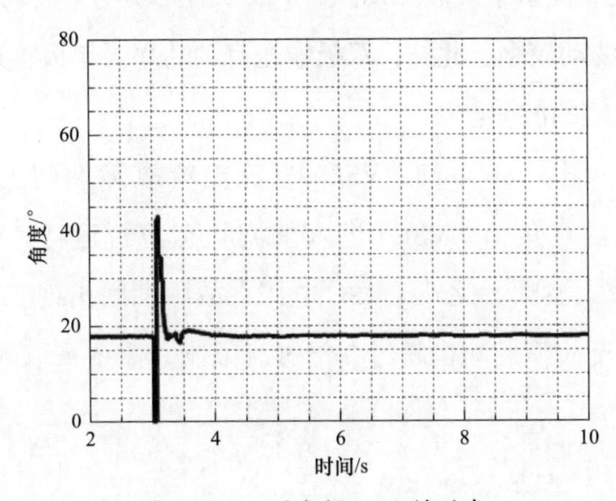

图 5-100　逆变侧 LCC 熄弧角

与 VSC1 交流母线发生三相短路接地故障的情形类似，由于 VSC2 交流母线电压跌落至近 0p.u.，VSC2 直流功率无法向交流系统传输，如图 5−92 所示，VSC2 功率故障瞬间跌落至 0，VSC2 两端功率不平衡，直流充电功率使得 VSC2 子模块电容得到充电，进而导致 VSC 故障期间电压上升至 520kV，如图 5−82 所示。由于故障未发生在定直流电压站交流母线，因而系统未出现 VSC1 交流故障情况下 VSC 电压不断抬升的现象，故障切除后，定直流电压站 VSC1 恢复对直流电压的控制能力，经过短暂的电压波动后，VSC 电压恢复到 400kV。

在故障期间，逆变侧 LCC 发生换相失败导致逆变侧 LCC 直流电压迅速跌落至 0，整流侧 LCC 通过增大触发角，降低整流侧直流电压与逆变侧相匹配，但直流电流在故障期间仍会迅速上升，故障切除后整流侧 LCC 重新进入定直流电流控制，直流电流恢复到 5kA，直流电流和整流侧 LCC 触发角波形分别如图 5−83 和图 5−99 所示。

由图 5−90、图 5−92 和图 5−94 可知，故障瞬间，VSC2 输送功率降至 0，部分功率由定直流电压站 VSC1 转送，因此 VSC1 功率增大至 1200MW，VSC3 在定有功功率控制器作用下，尽力维持功率传输水平跟随指令值，在故障期间功率出现一定波动。VSC2 在故障切除后短暂进入整流状态运行，后在其定有功功率控制作用下重新恢复功率传输水平，定直流电压站 VSC1 功率水平也恢复到故障前水平。故障期间，VSC2 的无功功率波动较大，VSC1 和 VSC3 无功功率波动较小。此外，双极输送有功功率、单极输送有功功率均在故障期间存在一定的波动。

由图 5−84～图 5−86 可知，VSC1 直流电流故障期间上升至约 3.4kA，VSC2 直流电流出现负值，VSC2 进入整流状态短暂运行，VSC3 直流电流故障期间存在较大波动。此外，VSC 电压在故障期间出现 520kV 峰值电压，VSC2 的阀臂电流故障期间也超过 2 倍过流限制，需要采取附加措施对 VSC 组加以保护。

5.5　逆变侧 VSC3 交流母线发生三相短路接地故障

逆变侧定有功功率站 VSC3 交流母线发生三相瞬时性短路接地故障时，故障设置在 3s 时发生，持续 0.1s，送端和受端交流系统母线电压仿真波形分别如图 5-101 和图 5-102 所示，其余仿真波形如图 5-103～图 5-125 所示。

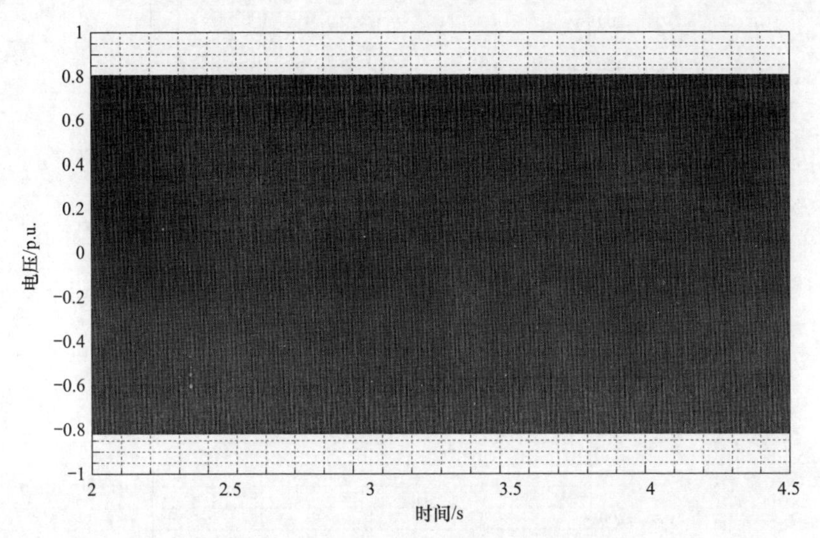

图 5-101　送端交流系统母线电压仿真波形

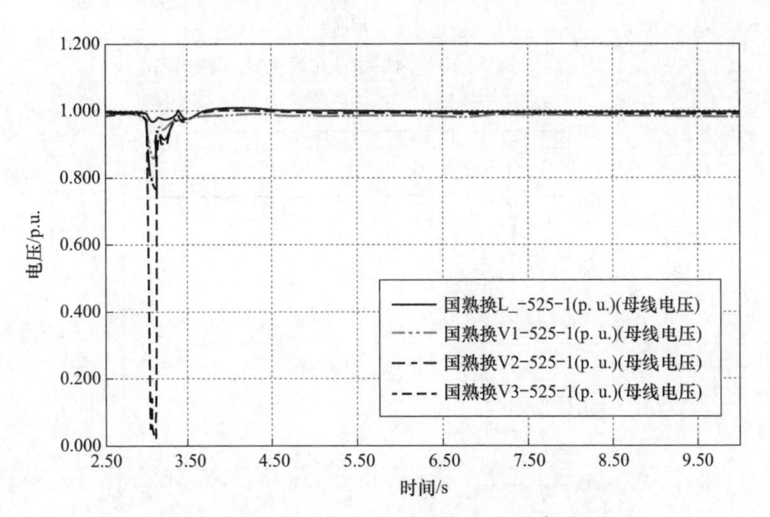

图 5-102　受端交流系统母线电压仿真波形

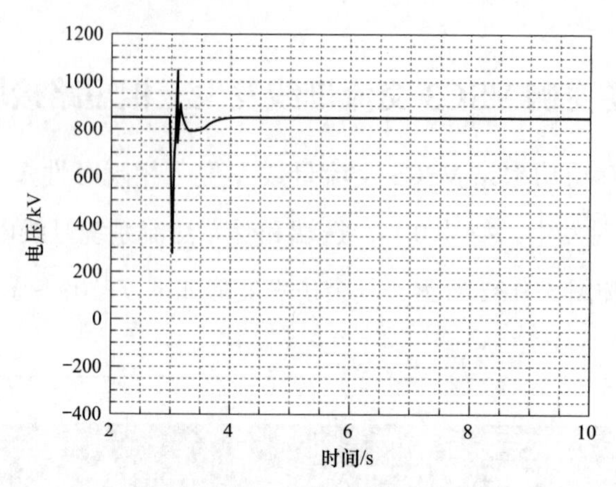

图 5-103　整流侧直流电压

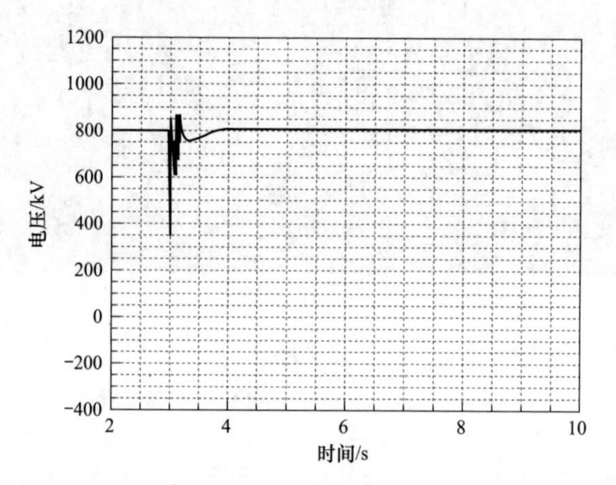

图 5-104　逆变侧直流电压

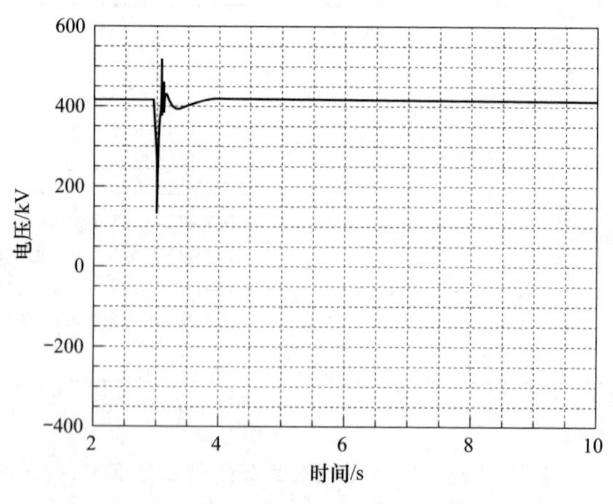

图 5-105　整流侧十二脉动 LCC 直流电压

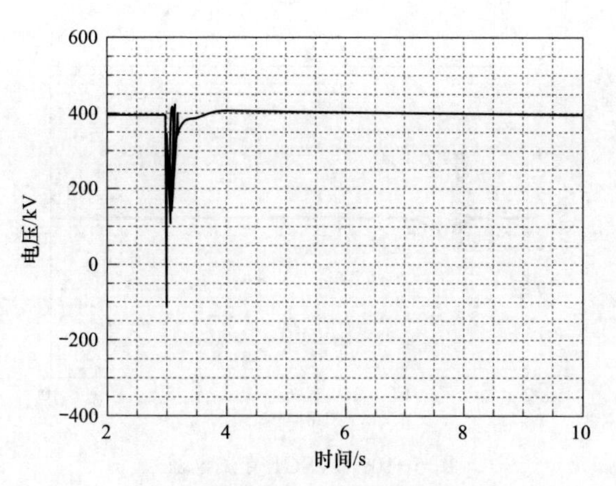

图 5-106　逆变侧 LCC 直流电压

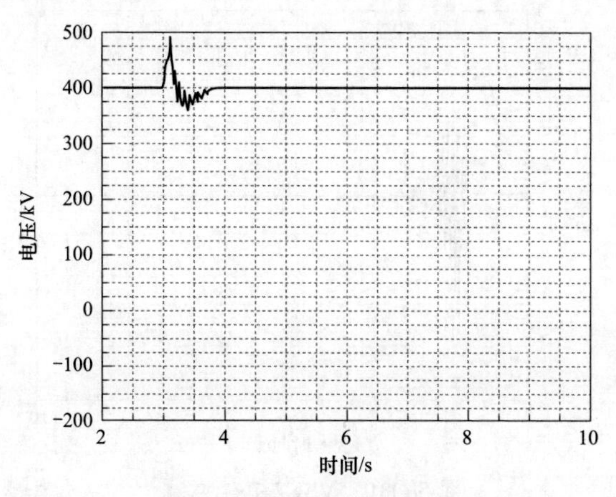

图 5-107　VSC 直流电压

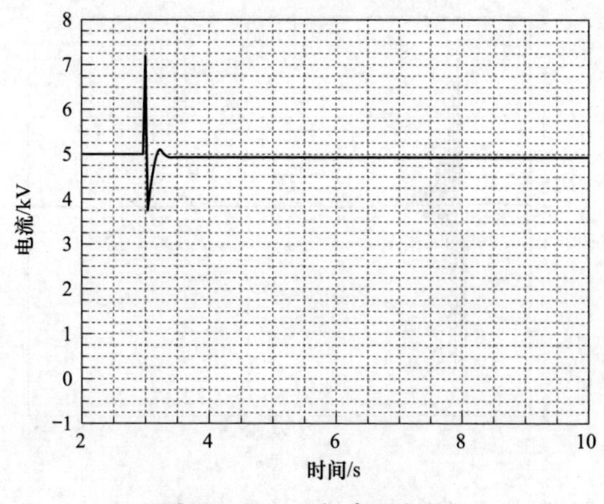

图 5-108　正极直流电流

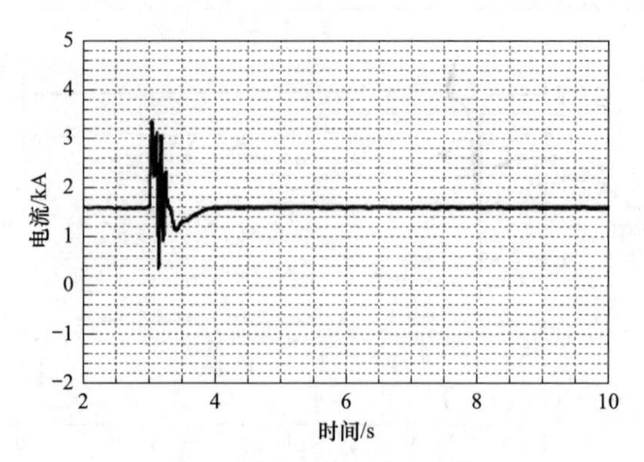

图 5-109　VSC1 直流电流

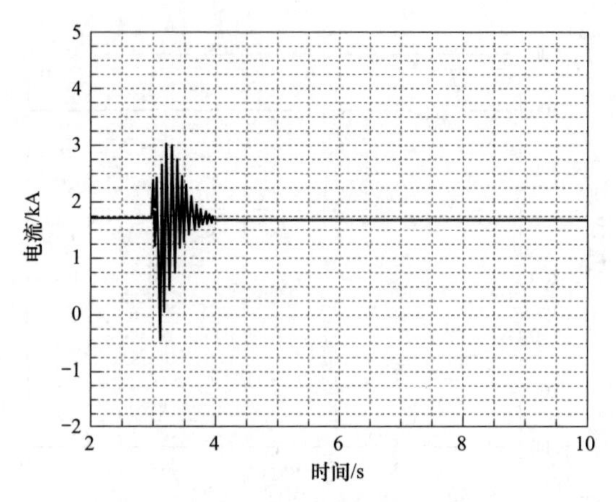

图 5-110　VSC2 直流电流

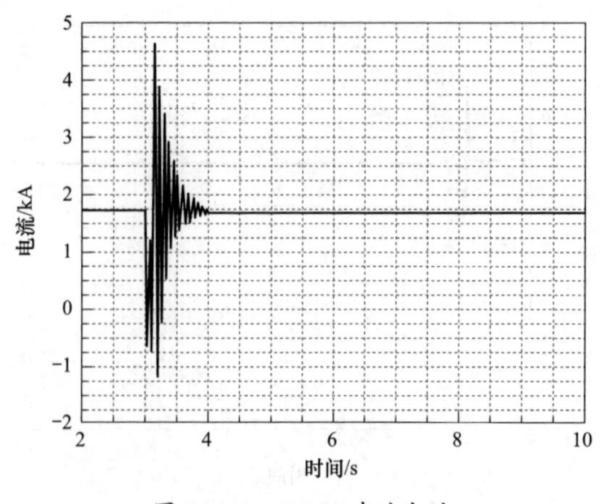

图 5-111　VSC3 直流电流

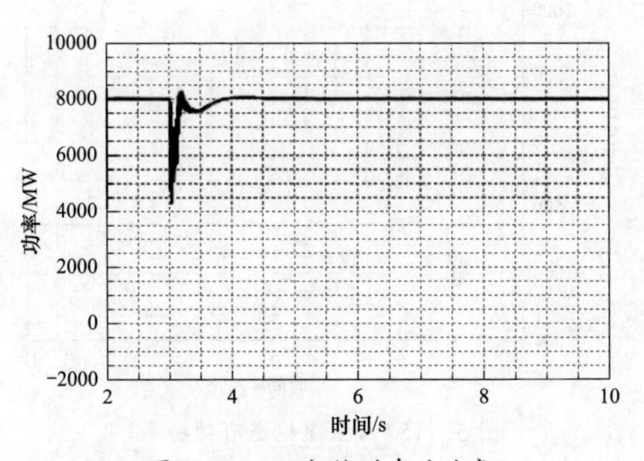

图 5-112　双极输送有功功率

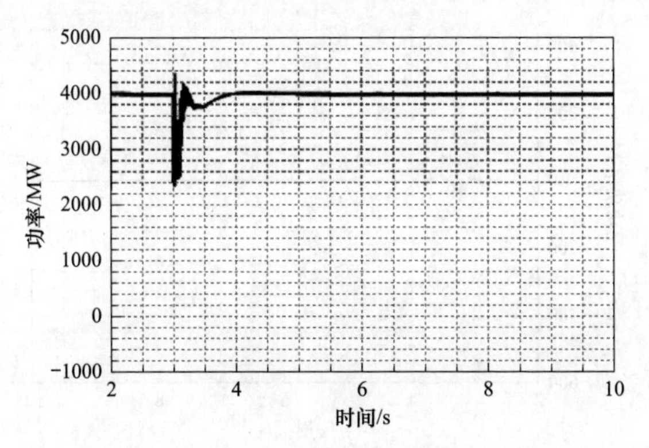

图 5-113　单极输送有功功率

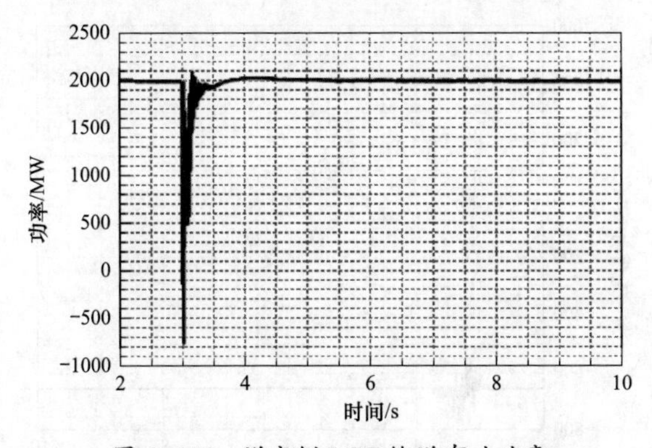

图 5-114　逆变侧 LCC 输送有功功率

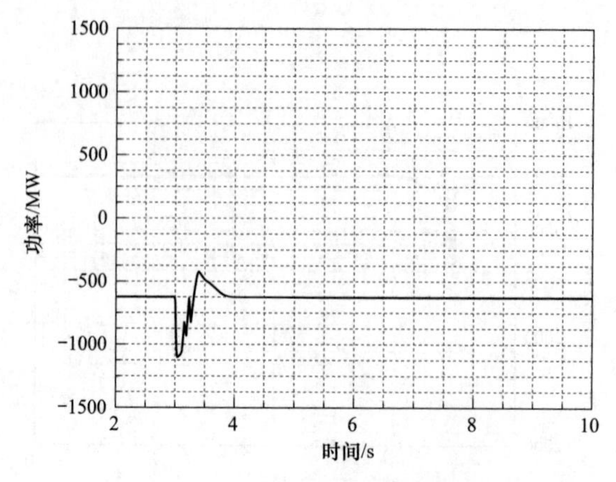

图 5-115　VSC1 输送有功功率

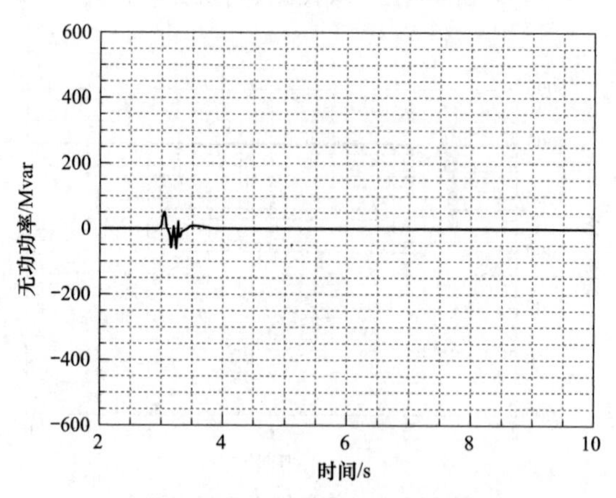

图 5-116　VSC1 输送无功功率

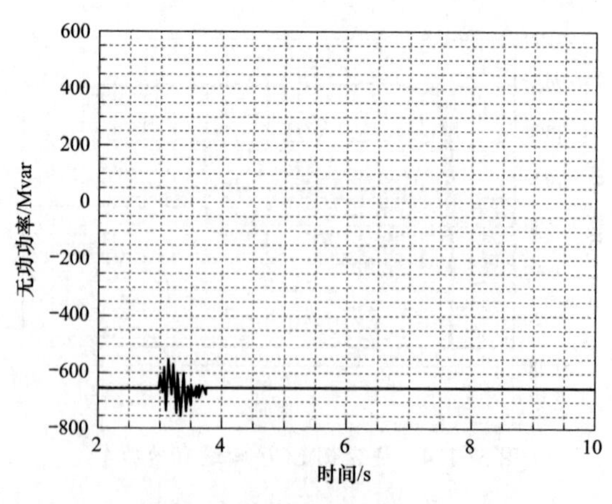

图 5-117　VSC2 输送有功功率

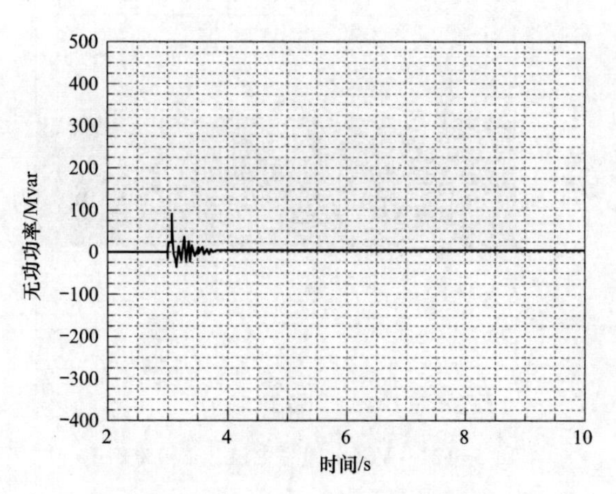

图 5-118　VSC2 输送无功功率

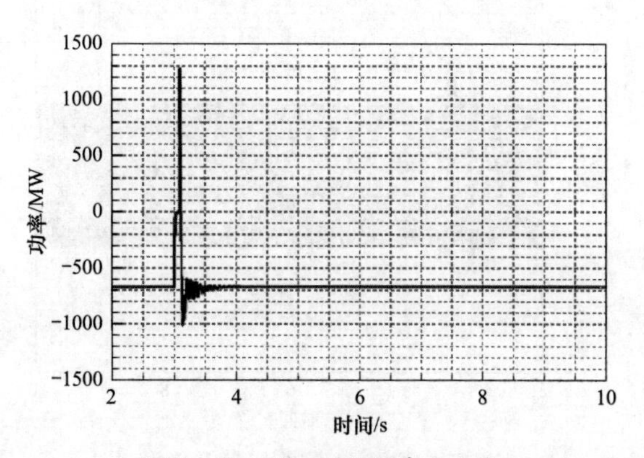

图 5-119　VSC3 输送有功功率

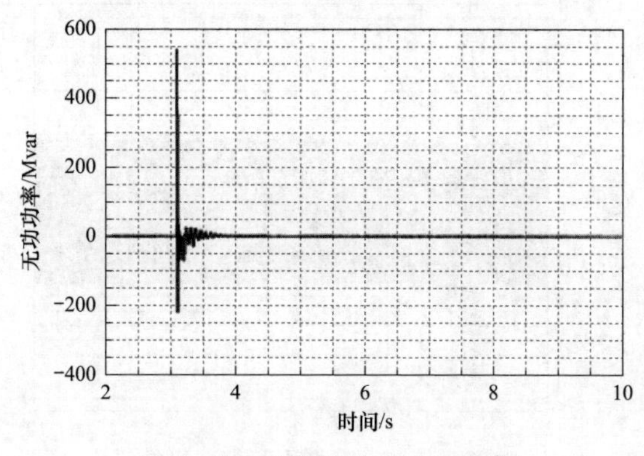

图 5-120　VSC3 输送无功功率

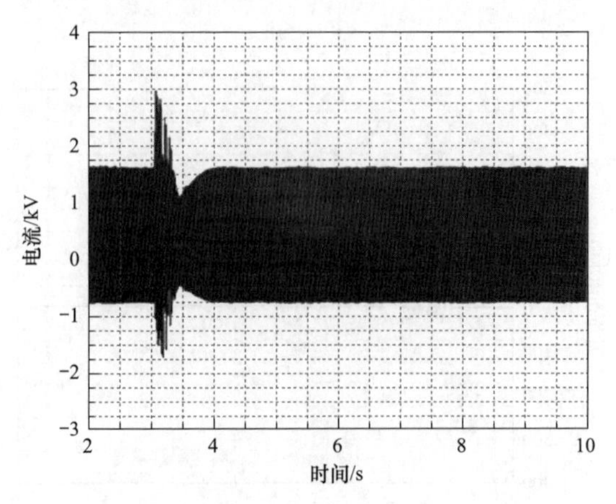

图 5-121　VSC1 阀臂电流（a 相为例）

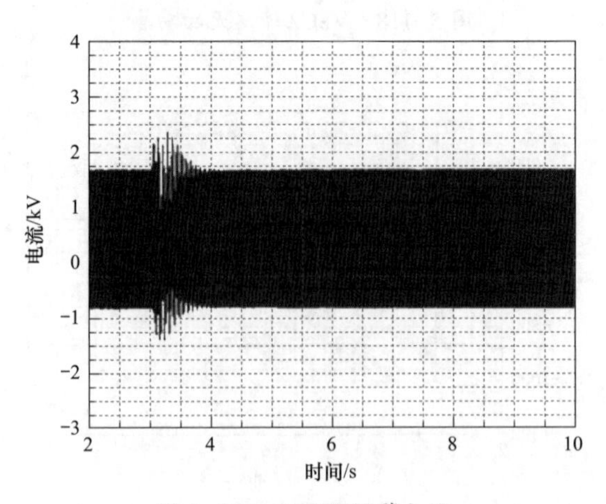

图 5-122　VSC2 阀臂电流

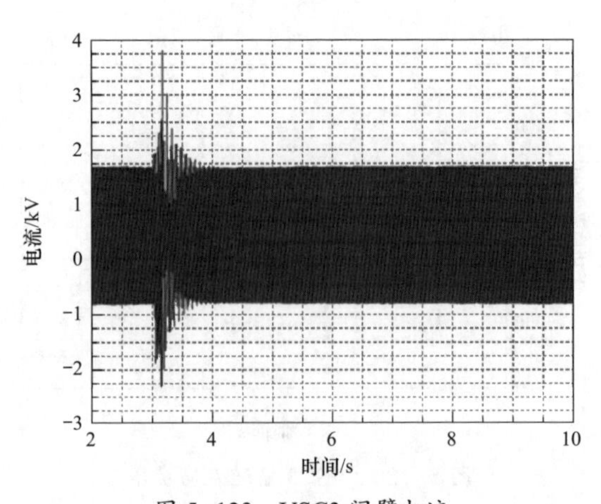

图 5-123　VSC3 阀臂电流

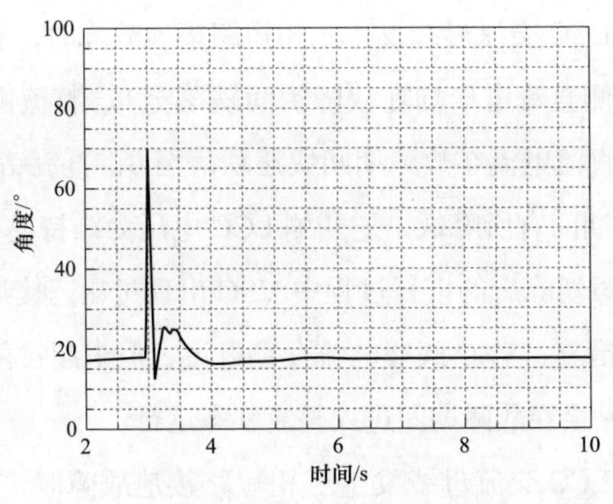

图 5-124　整流侧 LCC 触发角

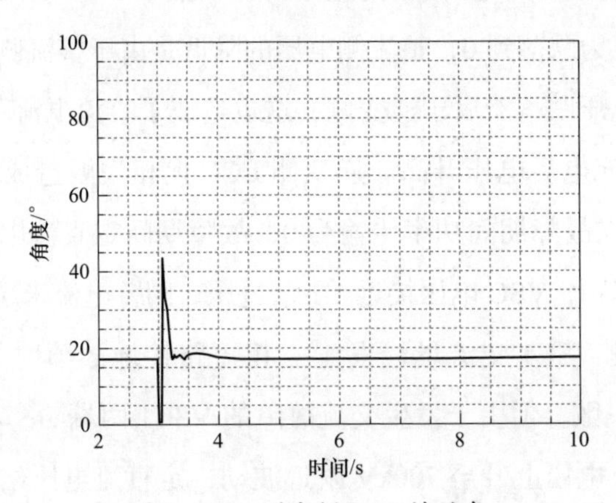

图 5-125　逆变侧 LCC 熄弧角

由于 VSC3 与 VSC2 均属于定有功功率站，针对 VSC3 交流母线发生三相短路接地故障的情况，多落点级联混合直流的故障特性与 VSC2 交流母线故障的情形类似，即 VSC3 功率传输发生中断，VSC 电压升高，升高幅度与 VSC2 交流母线故障的情形基本一致，同样未引发逆变侧高端 LCC 发生换相失败，整流侧在故障期间进入最小触发角控制。故障期间 VSC3 部分功率仍由定直流电压站 VSC1 转送，且 VSC3 同样存在短暂进入整流状态运行的问题，其余故障特性均与 VSC2 交流母线故障的情形类似，在此不再赘述。

5.6　本　章　小　结

根据本章内容分析，可以得出如下结论。

（1）整流侧 LCC 交流母线发生三相短路接地故障时，多落点级联混合直流整流侧和逆变侧直流电压均在故障瞬间跌落至 0，整流侧直流电压还存在反向冲击过程。直流电流在故障期间快速跌落至 0，直流功率传输发生中断。VSC 电压在故障期间有所降低，逆变侧 LCC 电压为维持逆变侧直流电压为 0 而为一负值，故障切除后的恢复过程中 VSC 出现过压，接近器件耐压值，需要采取额外保护措施；VSC 阀臂电流存在过流，但未超过两倍过流裕度。此外，定直流电压站会在故障期间进入整流状态运行。

（2）逆变侧 LCC 交流母线发生三相短路接地故障时，逆变侧 LCC 发生换相失败，逆变侧 LCC 电压瞬间跌落到 0，而由于 VSC 仍维持一定电压，故逆变侧直流电压为跌落到 0，整流侧电压的降低是由于整流侧控制器作用，因此整流侧直流电压跌落滞后于逆变侧，这也造成了直流电流存在一定的增幅，进而导致 VSC 充电后电压升高。逆变侧 LCC 换相失败造成直流侧直通，因而逆变侧 LCC 在故障期间功率传输为 0，故障期间定直流电压站 VSC1 仍存在功率倒流的问题，VSC 电压接近 1.1 倍过压，阀臂电流未超过两倍过流。

（3）逆变侧 VSC1 交流母线发生三相短路接地故障时，未导致逆变侧 LCC 发生换相失败，但由于发生交流故障的 VSC1 两端功率不平衡，VSC 子模块充电后直流电压上升至 700kV 附近波动，定直流电压站 VSC1 实际失去直流电压控制能力，系统由此进入新的状态运行，新的状态存在较大的电压、电流、功率波动。逆变侧 LCC 控制器增大 γ 角来降低 LCC 电压，以维持逆变侧整体直流电压，但由于 VSC 充电电压的升高，整流侧和逆变侧直流电压实际都会升高。整流侧进入最小触发角控制，由逆变侧控制直流电流。此外，为维持 VSC2 和 VSC3 一定的功率传输，VSC1 同样会短暂进入整流状态运行。该故障情况下，VSC 电压和阀臂电流均已超过器件限值，需要采取额外措施对 VSC 加以保护。

（4）逆变侧 VSC2 交流母线发生三相短路接地故障时，导致逆变侧 LCC 发生换相失败，与定直流电压站 VSC1 交流母线故障的情形不同，定有功功率站 VSC2 交流故障切除后，系统可以经过短时振荡后恢复故障前的运行状态，VSC1 仍能控制直流电压。类似的，由于 VSC2 两端功率不平衡，同样导致 VSC 电压的升高。不同的是，故障切除后，整流侧重新进入定直流电流控制，系统可以回到故障前运行状态。VSC2 同样存在故障期间进入整流状态短暂运行的问题，VSC 电压和阀臂电流同样超过器件限值，需要采取额外措施对 VSC 加以保护。

（5）逆变侧 VSC3 交流母线发生三相短路接地故障时，由于 VSC3 与 VSC2 同属定有功功率控制站，故发生该种故障时，多落点级联混合直流特性与结论（4）类似，分析时将 VSC2 替换为 VSC3 即可，在此不再陈述。

第6章 多落点级联混合直流对受端系统稳定性影响分析

本章通过仿真分析在发生受端接地故障情况下，多落点级联混合直流对受端系统电压稳定性和频率稳定性的影响。

6.1 LCC受端发生单相瞬时性接地故障

当逆变侧LCC的交流母线（国熟换L）发生单相瞬时性接地故障时，在VSC采用定无功功率控制和定交流电压控制两种情况下，对受端系统的电压稳定性进行分析。设置在3s时故障发生，故障持续0.1s，进行机电—电磁混合仿真。

6.1.1 VSC采用定无功功率控制

1. 仿真波形

当VSC选择定无功功率控制方式时，仿真波形如图6-1～图6-11所示。

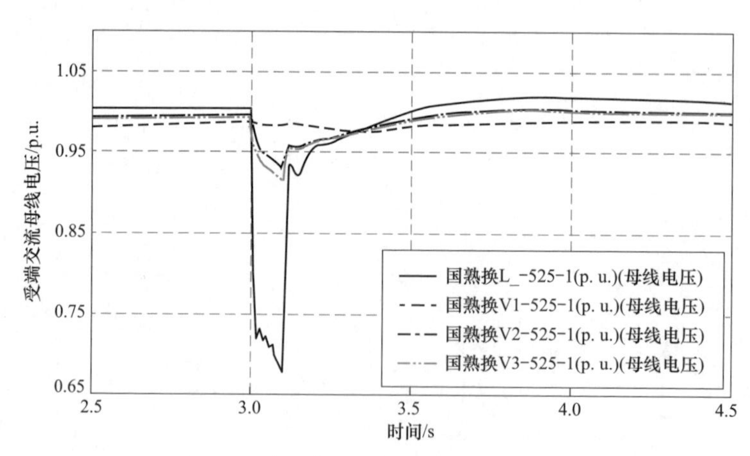

图6-1　受端交流系统母线电压仿真波形

2. 电压稳定性分析

故障发生后，交流母线国熟换L电压跌落至0.67p.u.，由图6-3可知，逆

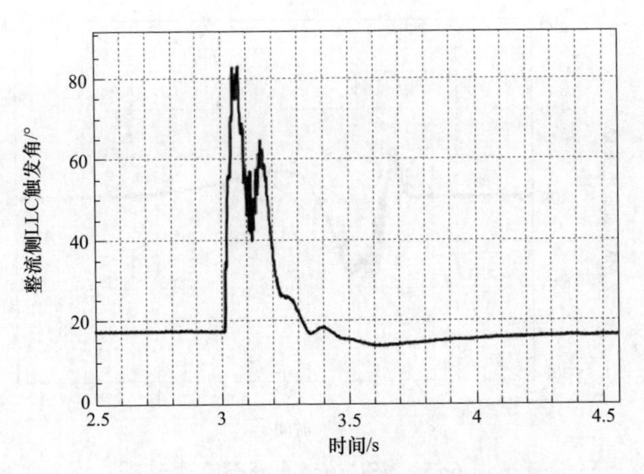

图 6-2　整流侧 LCC 触发角仿真波形

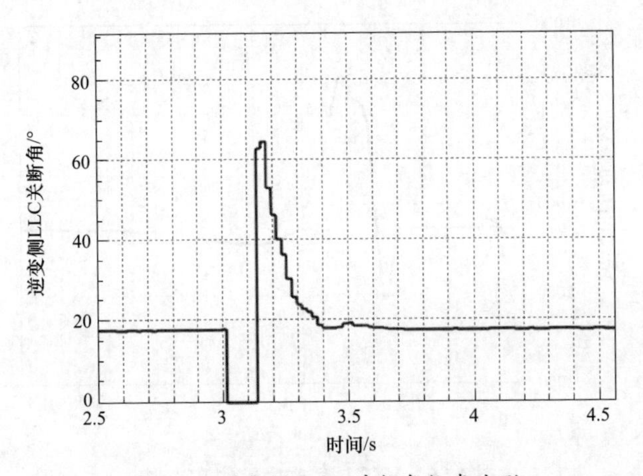

图 6-3　逆变侧 LCC 关断角仿真波形

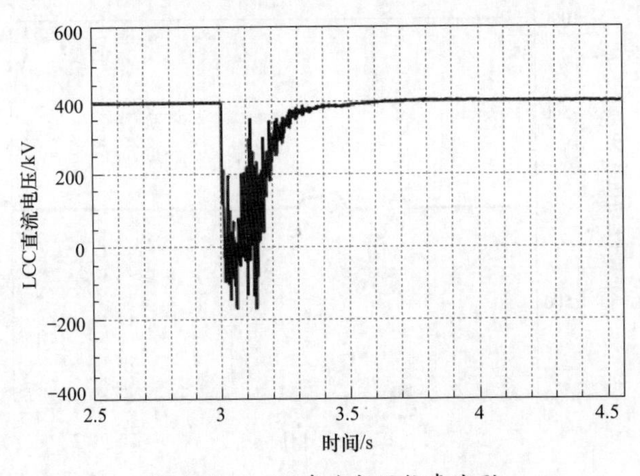

图 6-4　LCC 直流电压仿真波形

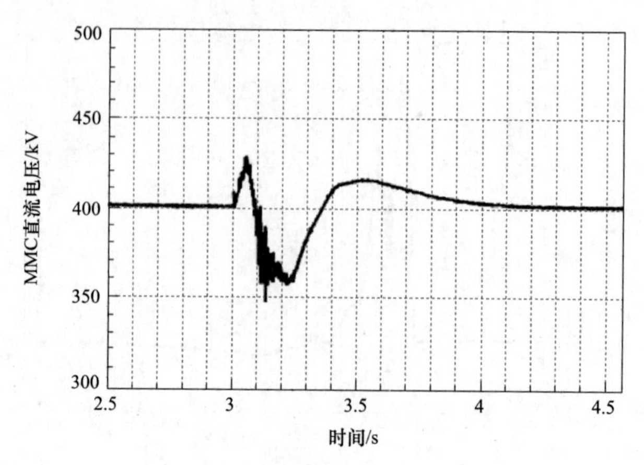

图 6-5　VSC 直流电压仿真波形

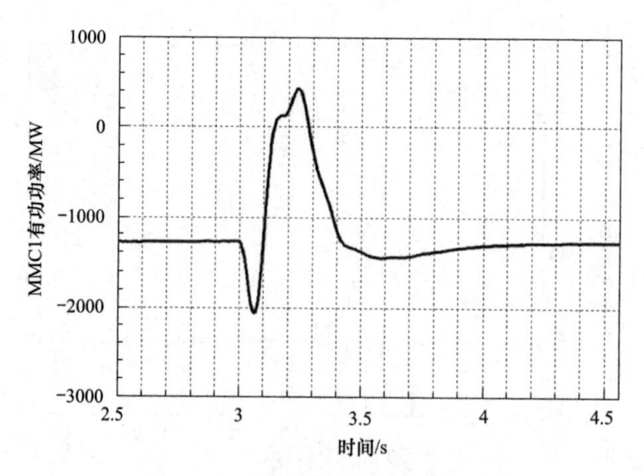

图 6-6　VSC1 有功功率仿真波形

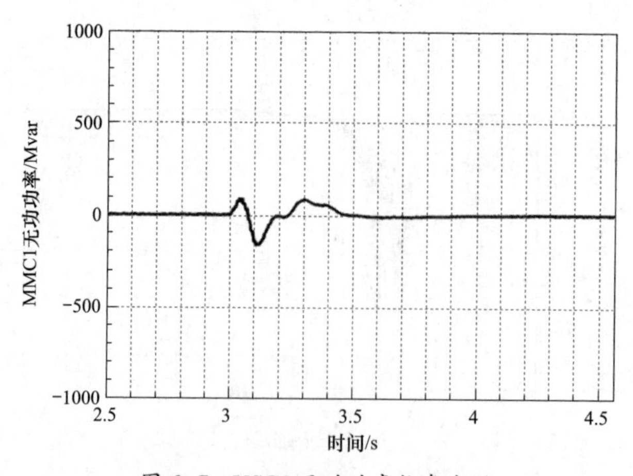

图 6-7　VSC1 无功功率仿真波形

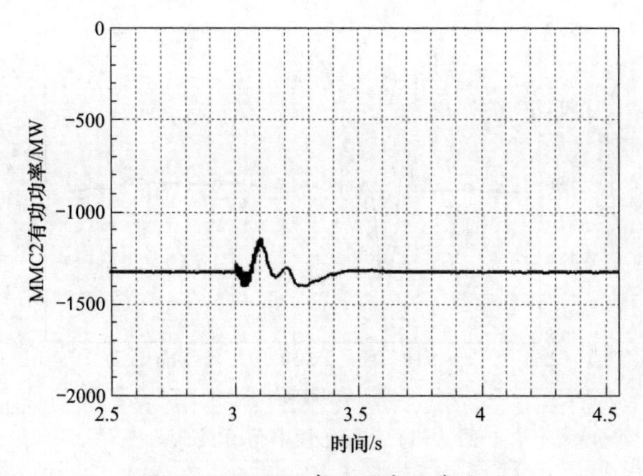

图 6-8　VSC2 有功功率仿真波形

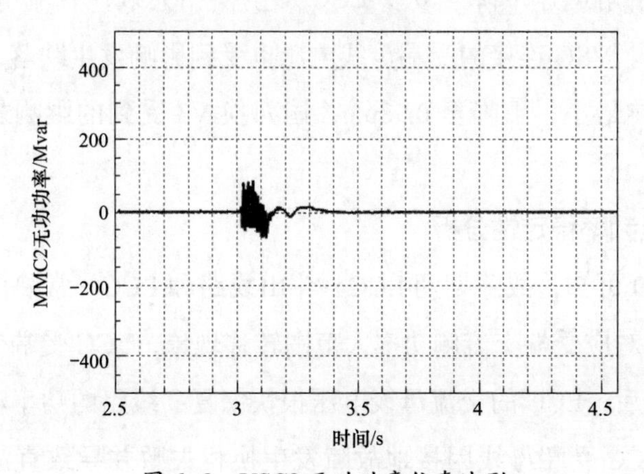

图 6-9　VSC2 无功功率仿真波形

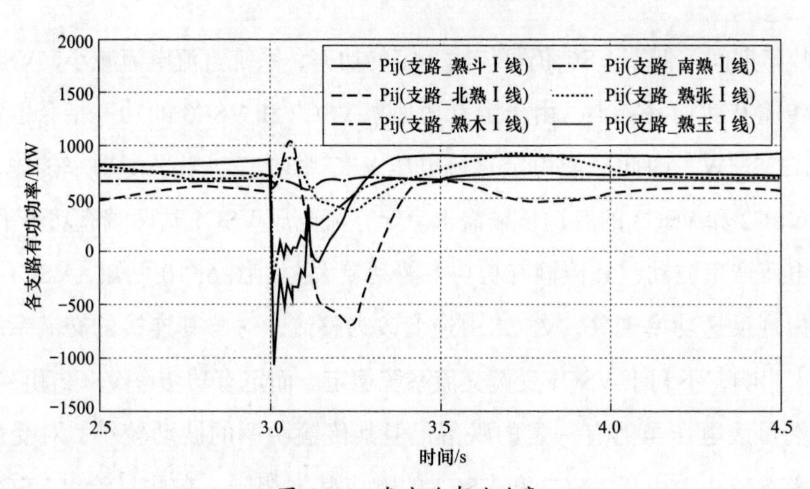

图 6-10　各支路有功功率

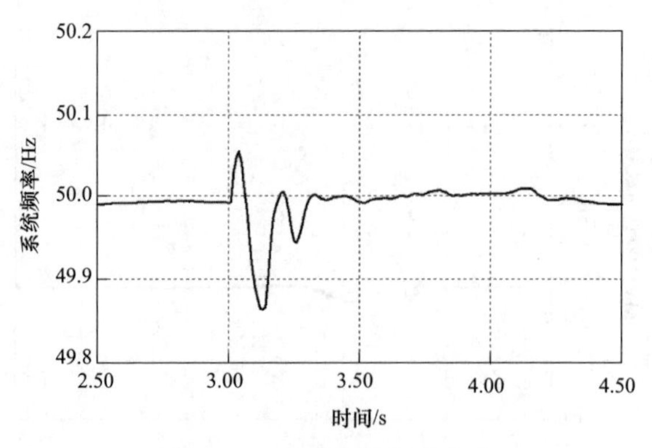

图 6-11　系统频率仿真波形

变侧 LCC 关断角迅速下降至 0°，LCC 发生换相失败，直流电压跌落至 0，中止传输功率。VSC 连接的受端母线电压也受到影响发生跌落，其中国熟换 V1 受到的影响最小，下降至 0.98p.u，国熟换 V3 受到的影响最大，下降至 0.92p.u。

3. 功率及频率稳定性分析

由图 6-10 可知，故障期间 LCC～斗山线路和 LCC～常熟南线路发生潮流反向，出现对应受端交流侧功率大范围转移现象，LCC 受端受故障影响较大。故障清除后，LCC 的交流母线电压很快恢复，线路的功率输送也很快恢复，这说明 LCC 受端母线因接地故障发生换相失败并导致直流闭锁的几率不大。

故障期间，低端 VSC 仍可传输一定的功率，系统直流电流减小，VSC 并联组传输有功功率减小，由于定有功功率 VSC2 和 VSC3 的功率指令值都保持为 1333MW，因此只能由定直流电压 VSC 吸收有功来平衡功率传输，以满足 VSC2 和 VSC3 的有功传输需求。定直流电压 VSC1 站两端有功不平衡，直流电压产生波动，其传输有功功率波动较大。由图 6-10 可知，VSC1～常熟北出现反送功率现象，VSC1 由逆变改为整流，对与其连接的交流系统产生较大影响，不利于 VSC1 受端交流系统稳定。而定有功功率 VSC2 和 VSC3 的受端母线电压虽然有一定的跌落，但其传输功率的波动较小，对受端电网的影响较小。由于 VSC2 和 VSC3 的响应基本相同，在此只给出 VSC2 的相关波形。在正常运行时，标称频率为 50Hz 的电力系统频率偏差限值为 ± 0.2Hz。根据仿真波形，故障期间，系统频率未超出正常运行条件下频率偏差限值 ± 0.2Hz，符合国标要求，受端电网频率波动在安全范围内。

6.1.2　VSC 采用定交流电压控制

1. 仿真波形

当 VSC 选择定交流电压控制方式时，仿真波形如图 6-12～图 6-22 所示。

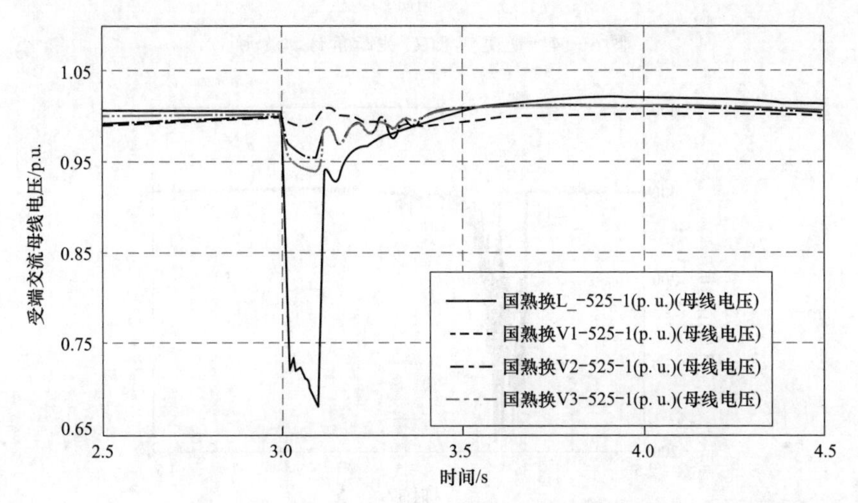

图 6-12　受端交流系统母线电压仿真波形

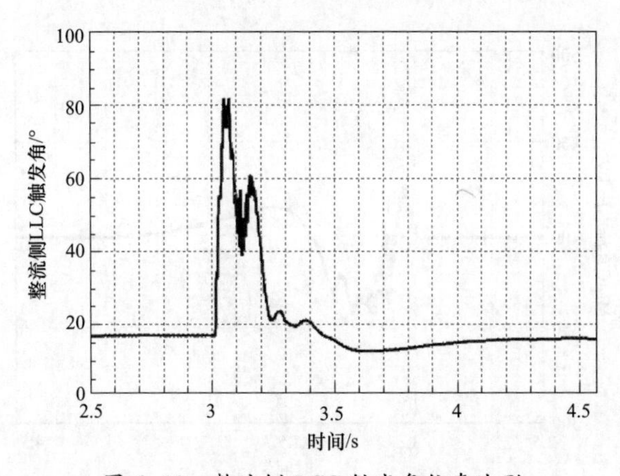

图 6-13　整流侧 LCC 触发角仿真波形

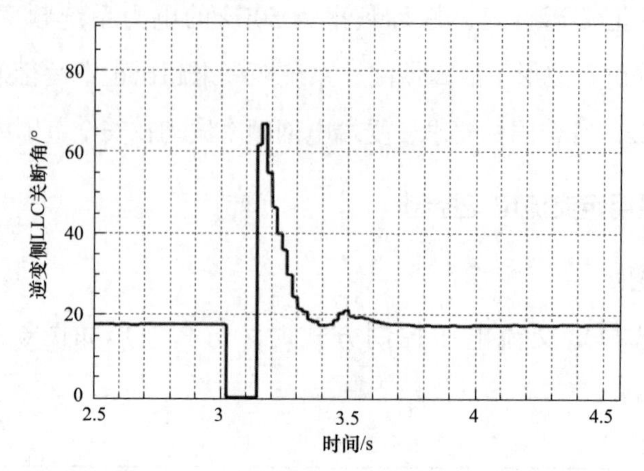

图 6-14　逆变侧 LCC 关断角仿真波形

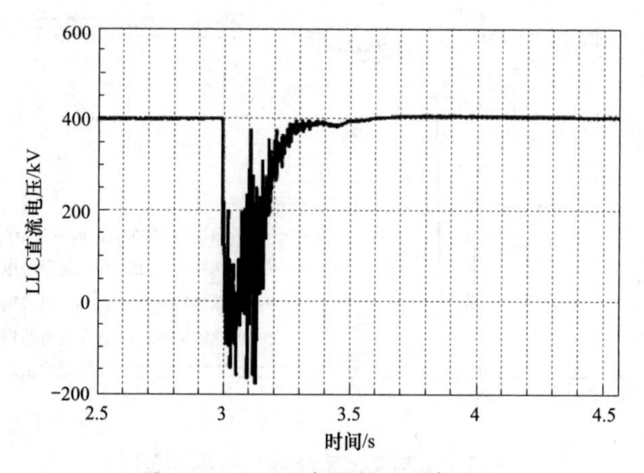

图 6-15　LCC 直流电压仿真波形

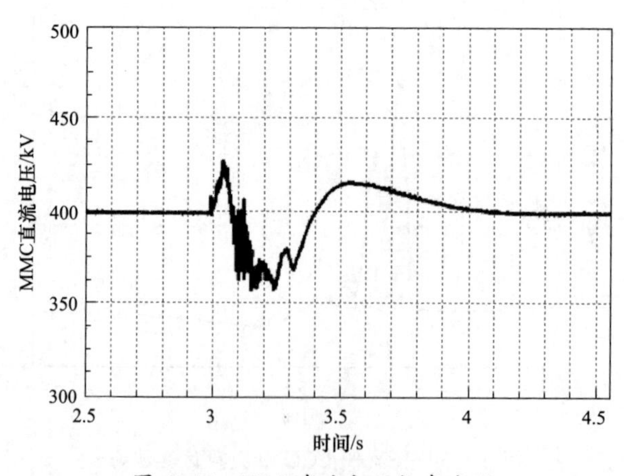

图 6-16　VSC 直流电压仿真波形

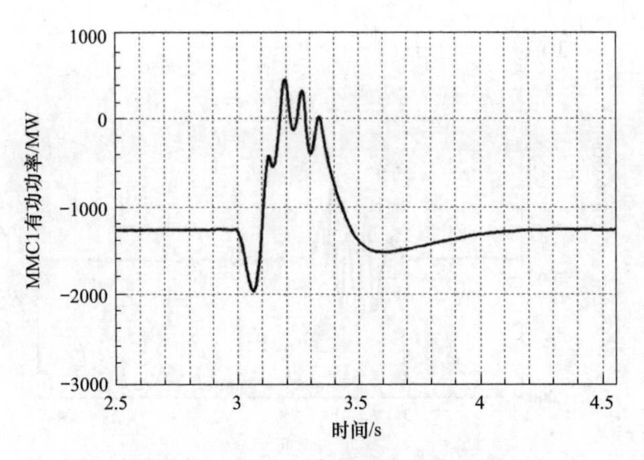

图 6-17　VSC1 有功功率仿真波形

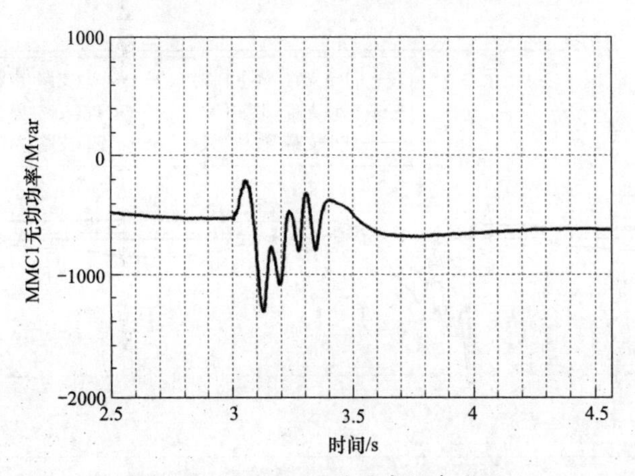

图 6-18　VSC1 无功功率仿真波形

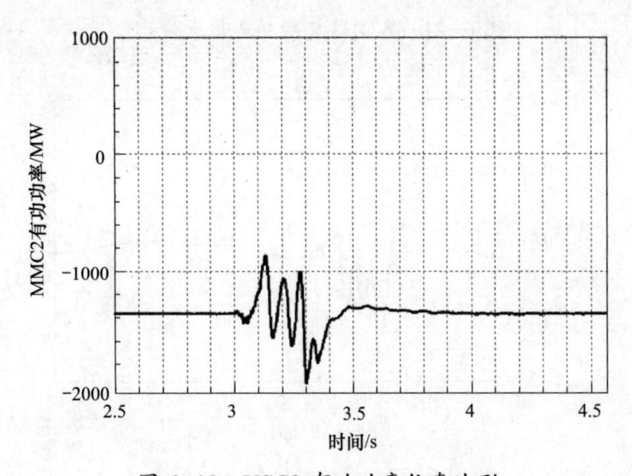

图 6-19　VSC2 有功功率仿真波形

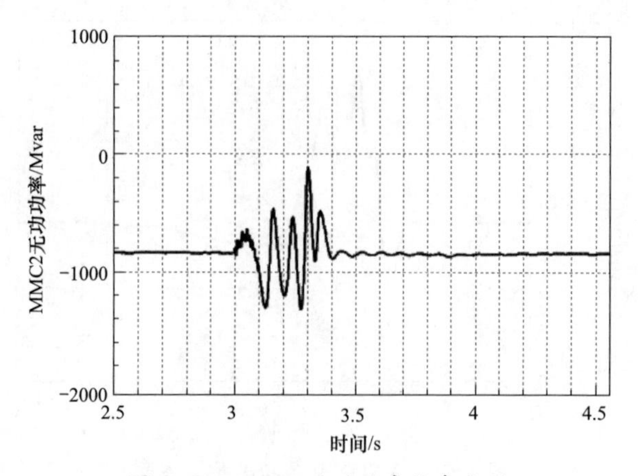

图 6-20　VSC2 无功功率仿真波形

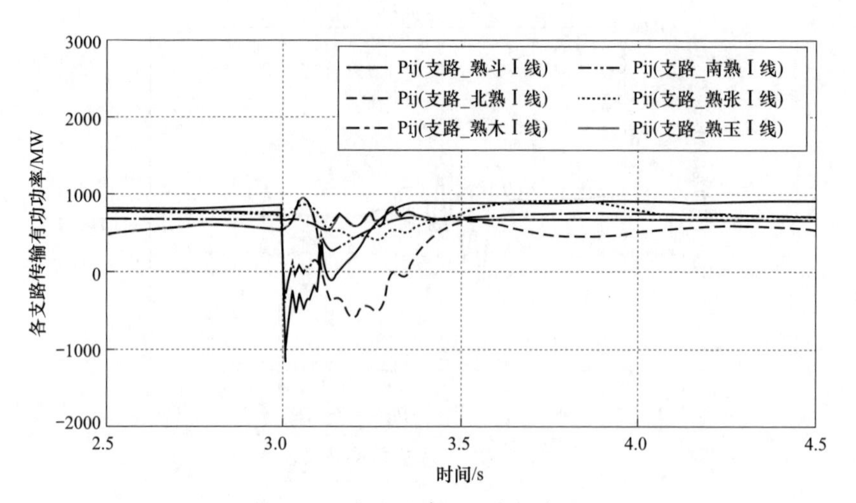

图 6-21　各支路有功功率仿真波形

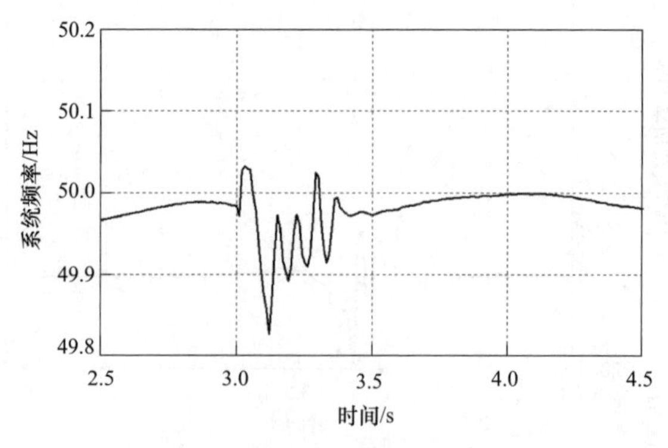

图 6-22　系统频率仿真波形

2. 电压稳定性分析

系统整流侧和逆变侧 LCC 在故障期间的响应与上述分析基本一致，在此不作赘述。由 VSC 分别采用定无功功率控制和定交流电压控制的仿真波形对比可知，当 VSC 采用定交流电压控制时，在故障发生阶段，VSC 可输出大量无功以维持对应受端交流母线电压稳定，因此相较于采用定无功功率控制，VSC 的受端母线电压跌落有所减小，VSC 的直流电压波动也减小。同时在故障恢复阶段，受端交流母线电压能较快地恢复至额定值。

6.2　LCC 受端发生三相瞬时性接地故障

当逆变侧 LCC 的交流母线（国熟换 L）发生三相瞬时性接地故障时，在 VSC 采用定无功功率控制和定交流电压控制两种情况下，对受端系统的电压稳定性进行分析。设置在 3s 时故障发生，故障持续 0.1s，进行机电-电磁混合仿真。

6.2.1　VSC 采用定无功功率控制

1. 仿真波形

当 VSC 选择定无功功率控制方式时，仿真波形如图 6-23～图 6-33 所示。

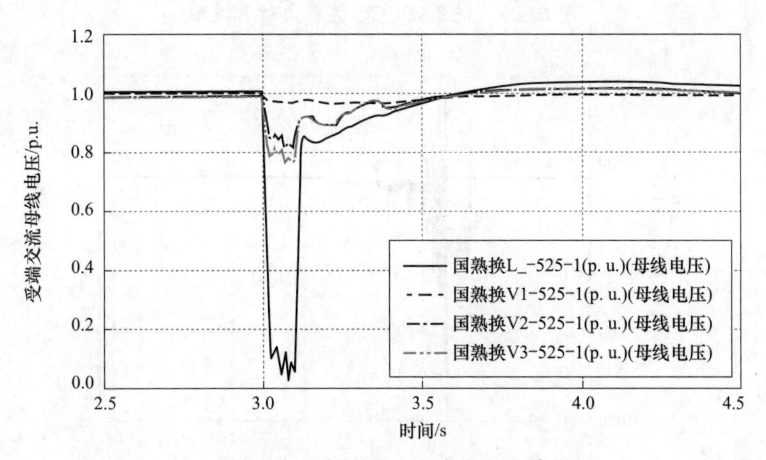

图 6-23　受端交流系统母线电压仿真波形

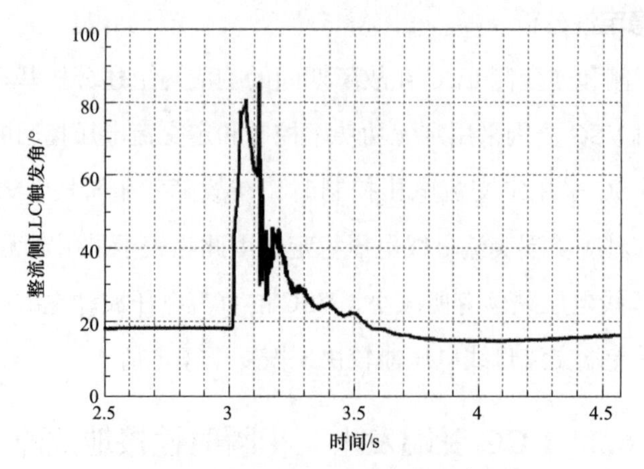

图 6-24 整流侧 LCC 触发角仿真波形

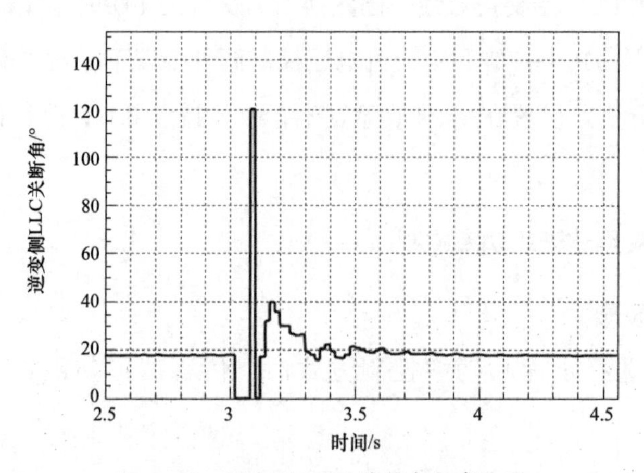

图 6-25 逆变侧 LCC 关断角仿真波形

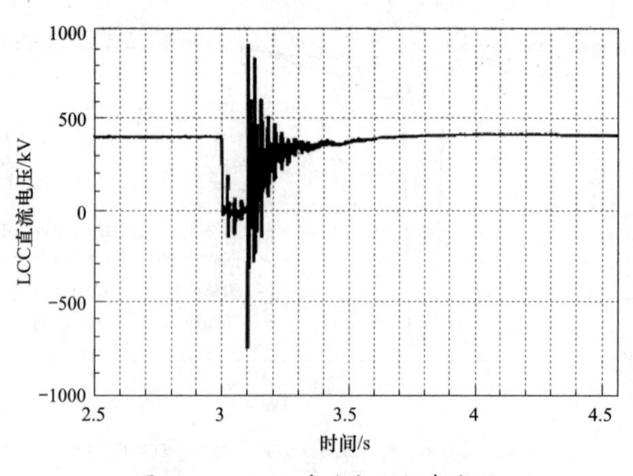

图 6-26 LCC 直流电压仿真波形

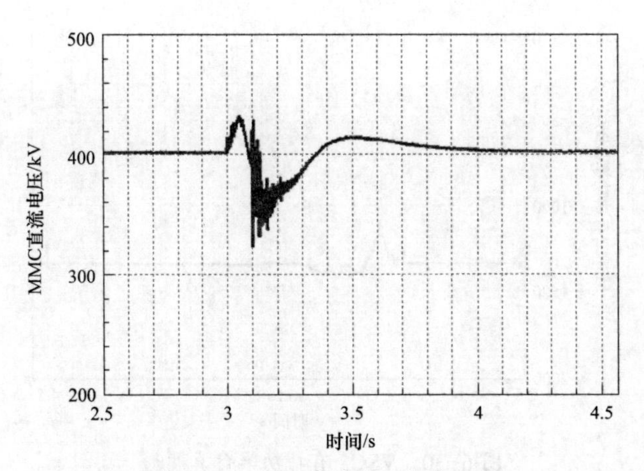

图 6-27　VSC 直流电压仿真波形

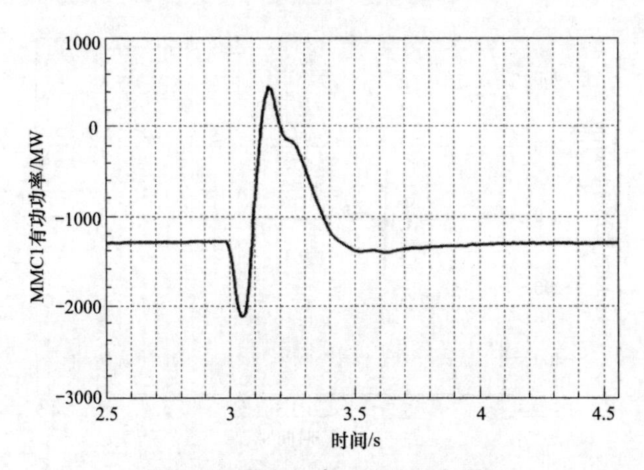

图 6-28　VSC1 有功功率仿真波形

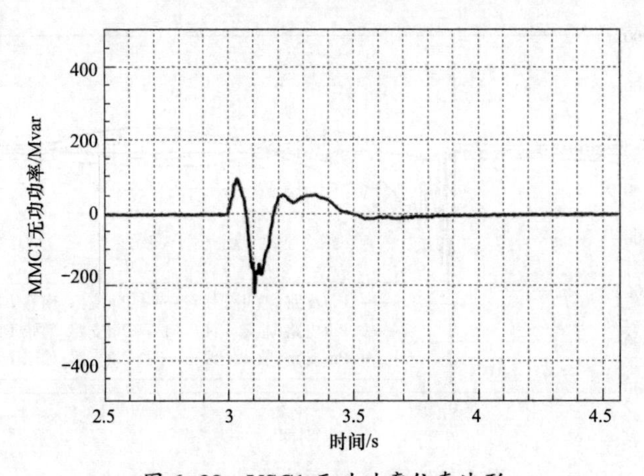

图 6-29　VSC1 无功功率仿真波形

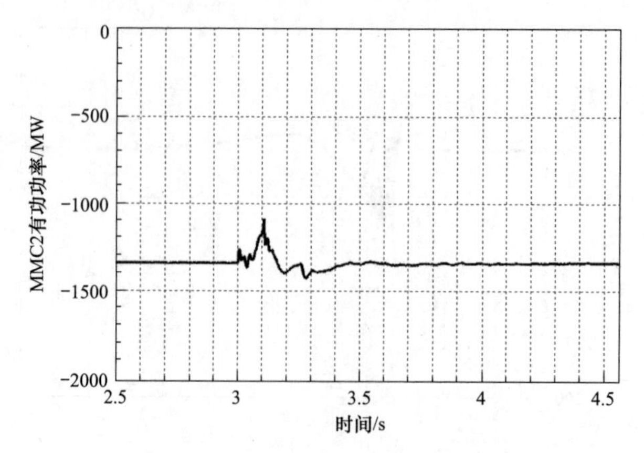

图 6-30　VSC2 有功功率仿真波形

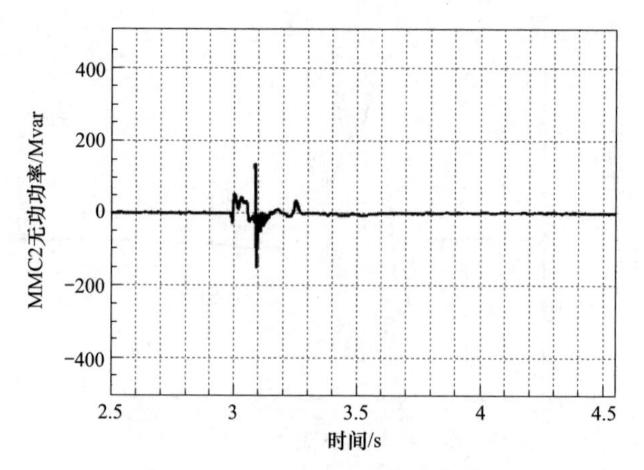

图 6-31　VSC2 无功功率仿真波形

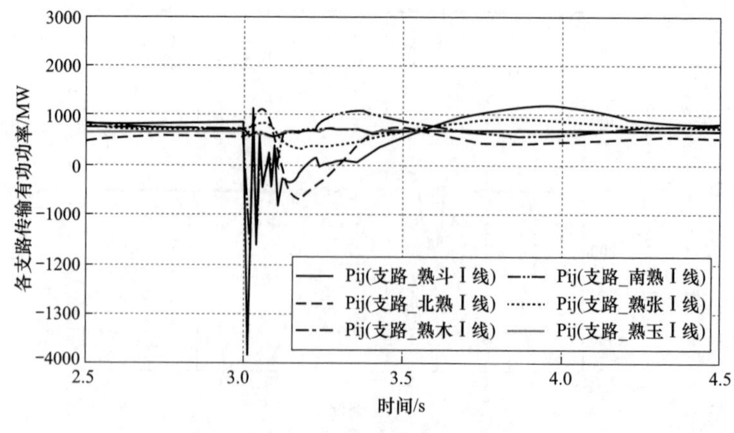

图 6-32　各支路有功功率仿真波形

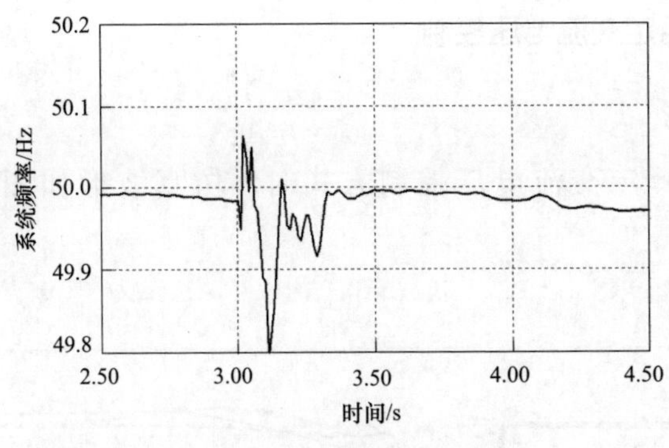

图 6-33　系统频率仿真波形

相对于发生单相接地故障，三相接地故障会导致受端交流系统电压跌落至 0，并会引起 LCC 发生连续换相失败，且近区受端各支路功率波动较大。

2. 电压稳定性分析

故障期间，母线国熟换 L 电压几乎跌落至 0，VSC 连接的受端交流母线也受到影响发生跌落，由图 6-25 可知，LCC 发生连续换相失败，直流电压跌落至 0，中止传输功率。由图 6-32 可知，故障期间 LCC～斗山和 LCC～常熟南均发生潮流反向，出现对应受端交流侧功率大范围转移现象，LCC 受端受故障影响较大。故障清除后，LCC 的交流母线电压很快恢复，直流线路的功率输送也很快恢复，这说明 LCC 受端母线因接地故障发生连续换相失败并导致直流闭锁的几率不大。

3. 功率及频率稳定性分析

故障期间，低端 VSC 仍可传输一定的功率。直流电流减小，VSC 并联组传输有功功率减小，由于定有功功率 VSC2 和 VSC3 的功率指令值都保持为 1333MW，因此只能由定直流电压 VSC 吸收有功来平衡功率传输，以满足 VSC2 和 VSC3 的有功传输需求。定直流电压 VSC1 站两端有功不平衡，直流电压产生波动，其传输有功功率波动较大。VSC1～常熟北出现反送功率现象，VSC1 由逆变改为整流，对 VSC1 受端交流系统产生较大影响，不利于受端交流系统稳定。而定有功功率 VSC2 和 VSC3 的受端母线电压虽然有一定的跌落，但其传输功率的波动较小，对受端电网的影响较小。同时，故障期间，受端电网频率波动仍在安全范围内。

6.2.2 VSC 采用定交流电压控制

1. 仿真波形

当 VSC 选择定交流电压控制方式时，仿真波形如图 6-34～图 6-44 所示。

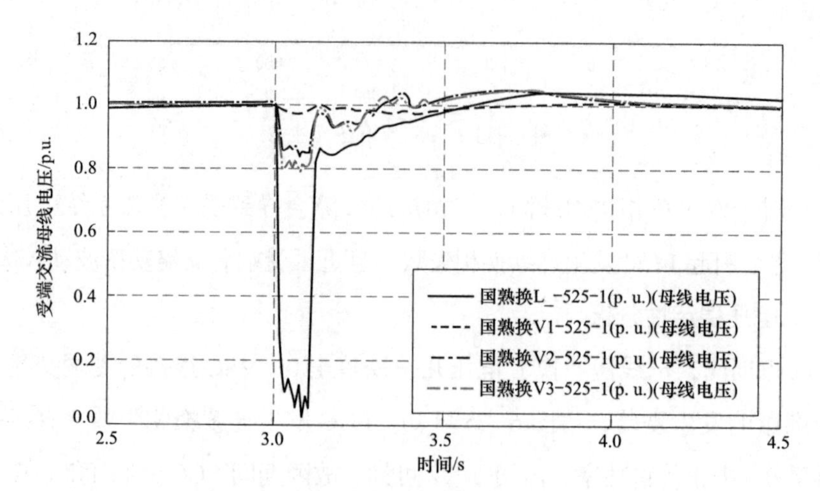

图 6-34　受端交流系统母线电压仿真波形

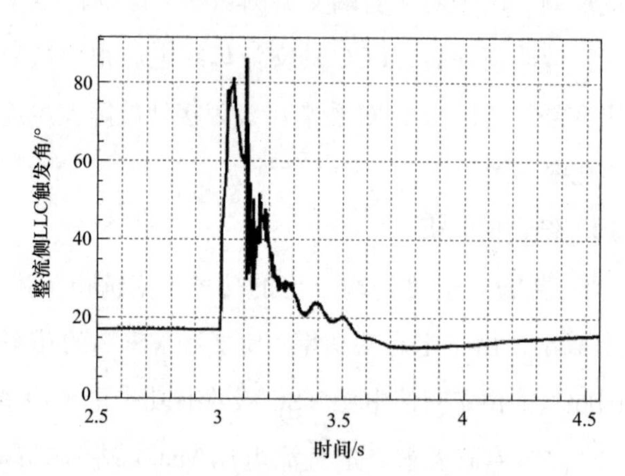

图 6-35　整流侧 LCC 触发角仿真波形

2. 电压稳定性分析

系统整流侧和逆变侧 LCC 在故障期间的响应与上述分析基本一致，在此不作赘述。由 VSC 分别采用定无功功率控制和定交流电压控制的仿真波形对比可知，当 VSC 采用定交流电压控制时，在故障发生阶段，VSC 可输出大

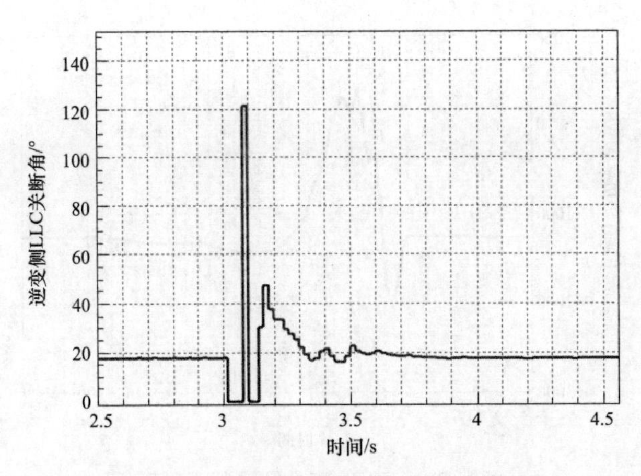

图 6-36　逆变侧 LCC 关断角仿真波形

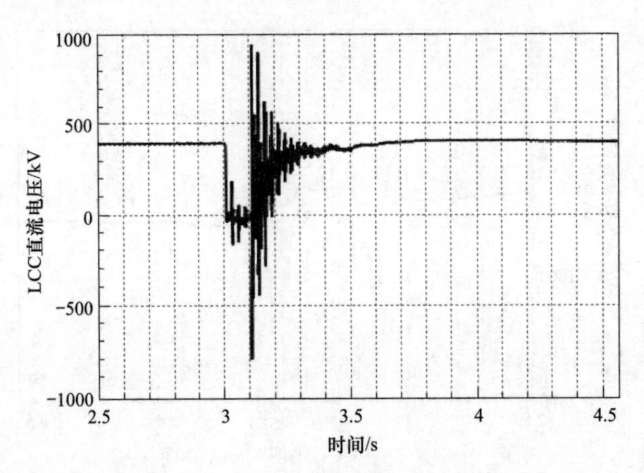

图 6-37　LCC 直流电压仿真波形

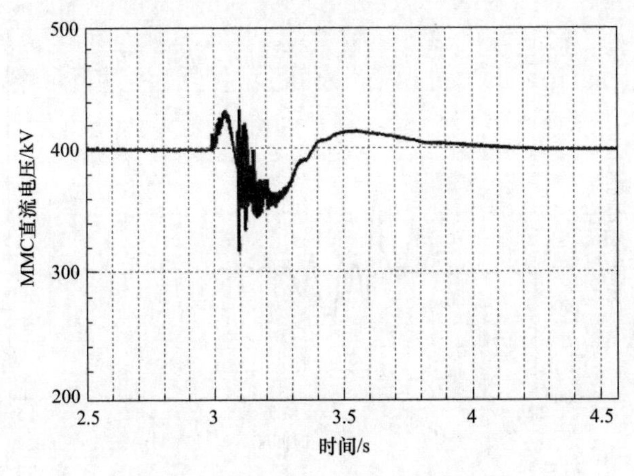

图 6-38　VSC1 直流电压仿真波形

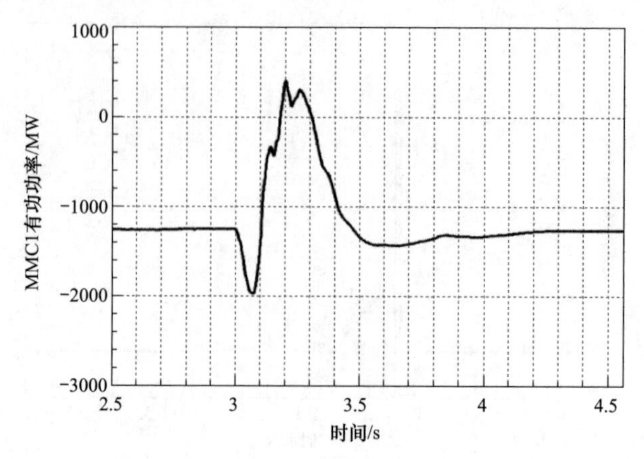

图 6-39　VSC1 有功功率仿真波形

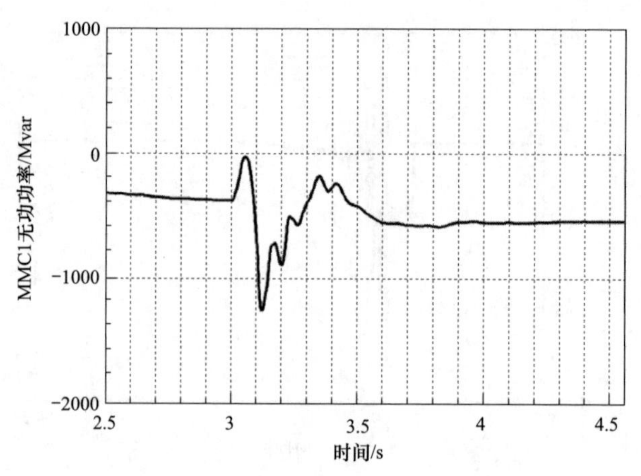

图 6-40　VSC1 无功功率仿真波形

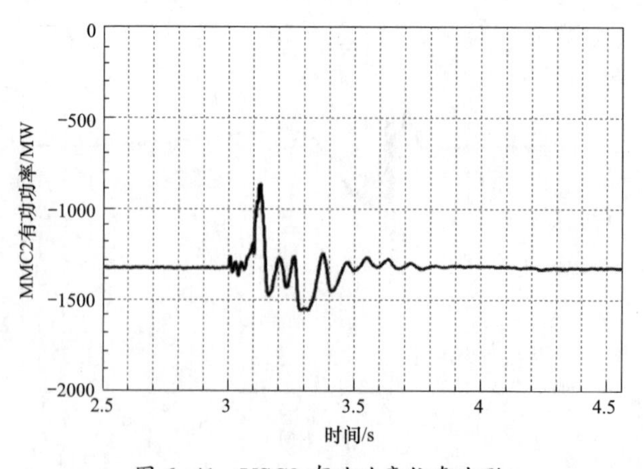

图 6-41　VSC2 有功功率仿真波形

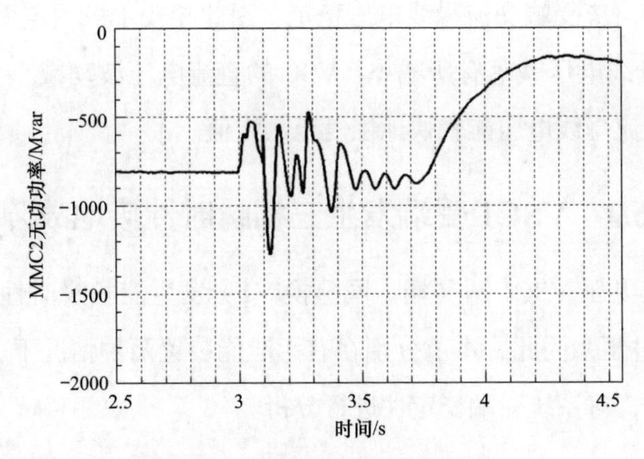

图 6-42　VSC2 无功功率仿真波形

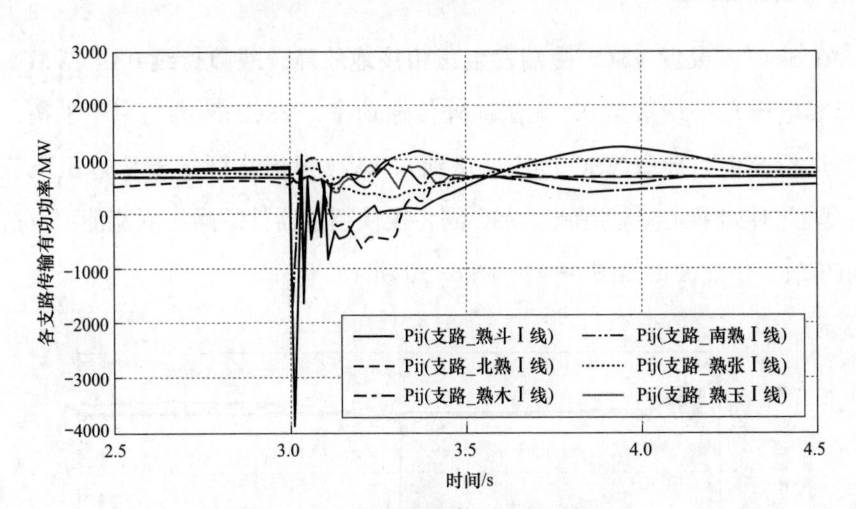

图 6-43　各支路输送有功功率仿真波形

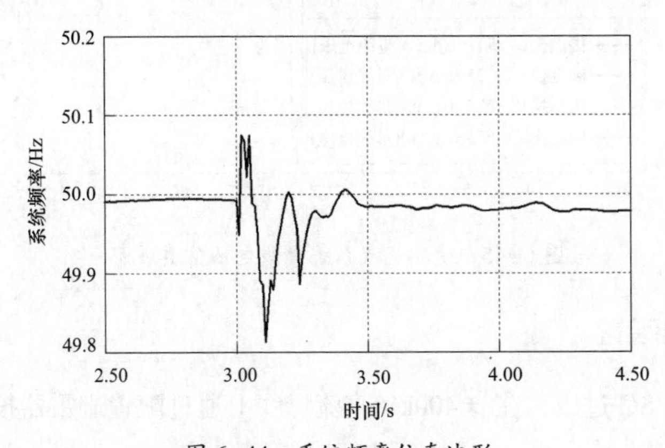

图 6-44　系统频率仿真波形

量无功以维持对应受端交流母线电压稳定，因此相较于采用定无功功率控制，VSC 的受端母线电压跌落有所减小，VSC 的直流电压波动减小。在故障恢复阶段，受端交流母线电压能较快地恢复至额定值。

6.3 VSC1 受端发生三相瞬时性接地故障

当定直流电压 VSC1 站受端（国熟换 V1）发生三相瞬时性接地故障时，会导致 VSC 过压，因此，本节分别在有无泄能装置两种情况下，进行机电—电磁混合仿真，对系统受端稳定性进行分析。

6.3.1 无泄能装置

在 3s 时，设置 VSC1 受端发生三相接地故障，故障持续 0.1s，VSC1 受端母线电压几乎跌落至 0，无法向外传输功率，VSC1 两端功率不平衡，其电容进行充电，导致 VSC 过压，达到 6.5kV（考虑实际子模块过压限值为 3kV）。此时如果无应对措施，VSC 阀将很快超过器件的耐压耐流能力，造成严重事故。仿真波形如图 6-45～图 6-50 所示。

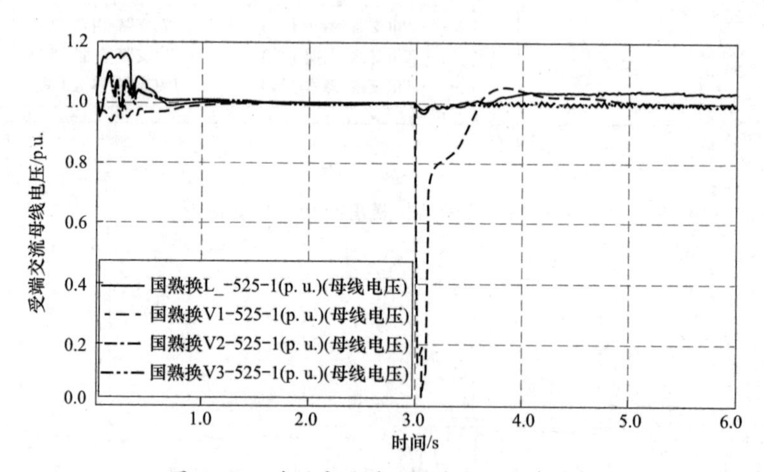

图 6-45　受端交流系统母线电压仿真波形

6.3.2 有泄能装置

为避免 VSC 过压，在 ±400kV 直流母线上通过配置避雷器投入泄能。3s 故障发生，VSC 直流电压过高时，避雷器动作吸收盈余功率，维持 VSC 的直

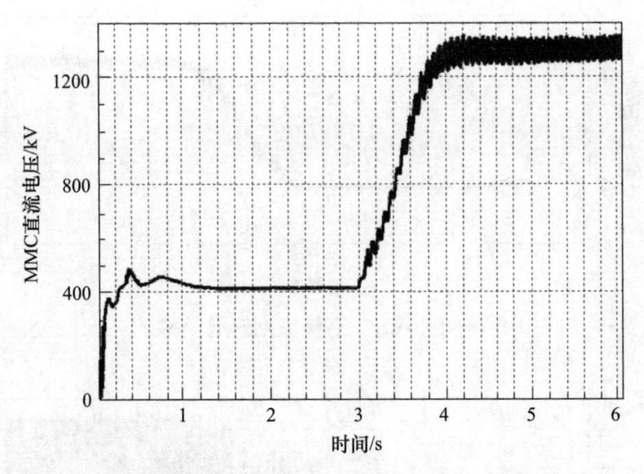

图 6-46　VSC 直流电压仿真波形

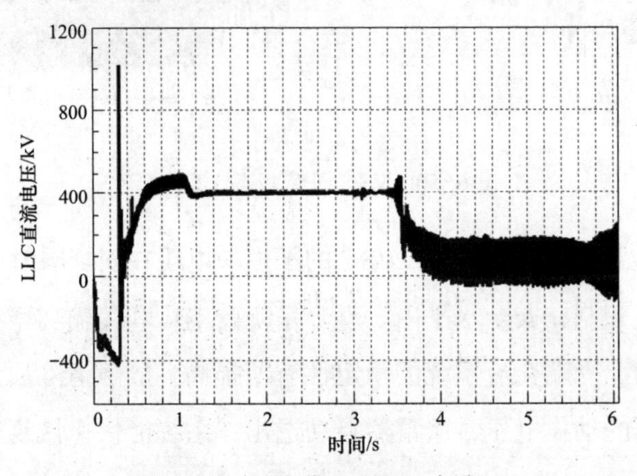

图 6-47　LCC 直流电压仿真波形

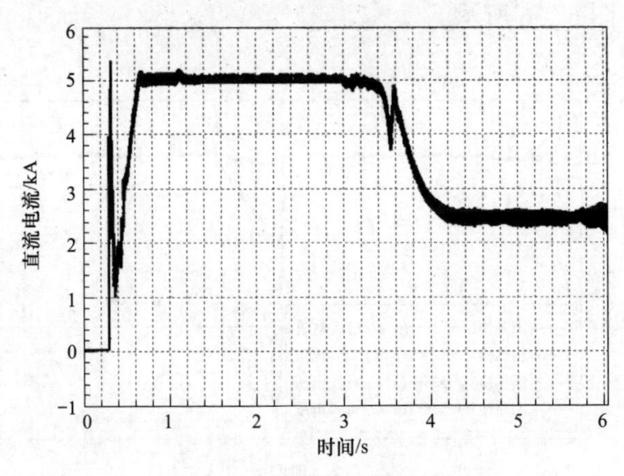

图 6-48　直流电流仿真波形

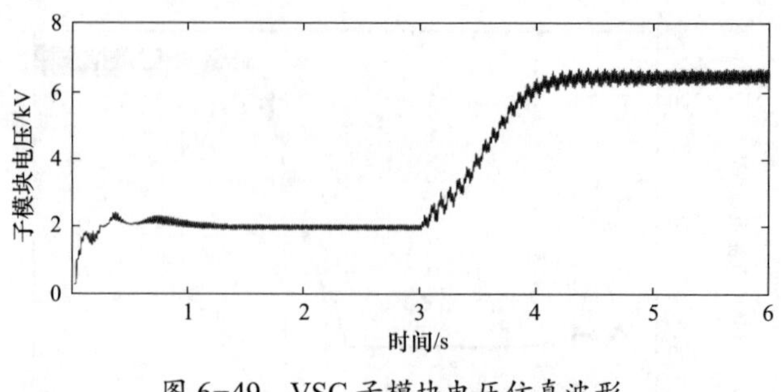

图 6-49　VSC 子模块电压仿真波形

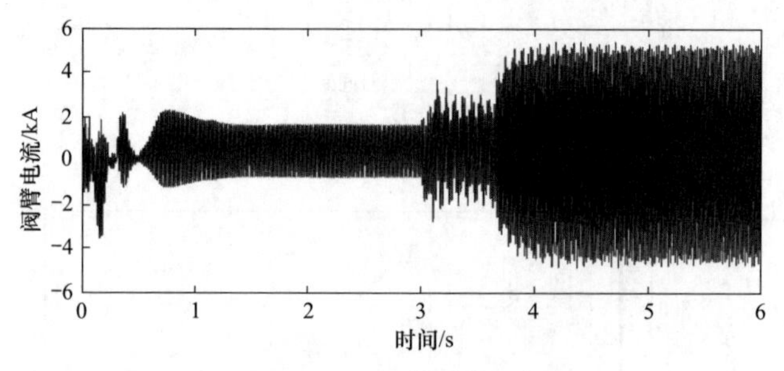

图 6-50　VSC 阀臂电流仿真波形

流电压稳定，由仿真波形可知，VSC 的子模块电压在安全限值 3kV 以内，电压和电流都能控制在安全水平内。整个系统的电压和传输功率在故障期间仅有较小的波动，受端交流系统的稳定性有所提高。故障清除后，当直流电压降低至避雷器的动作电压，避雷器自动退出，系统能快速恢复至稳定运行状态。同时，避雷器结构简单，无须二次保护，增加了系统的可靠性。仿真波形如图 6-51～图 6-56 所示。

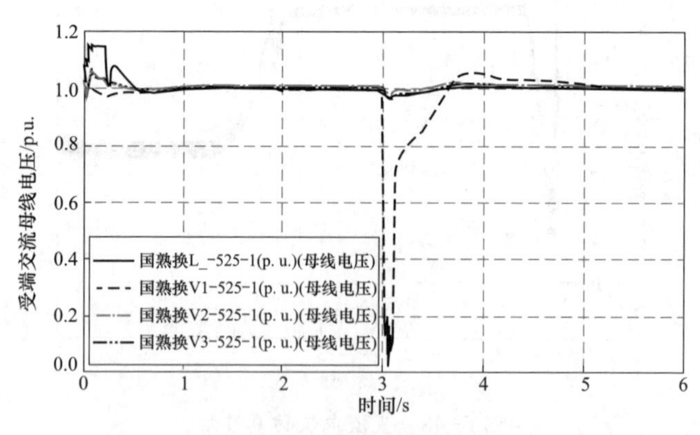

图 6-51　受端交流系统母线电压仿真波形

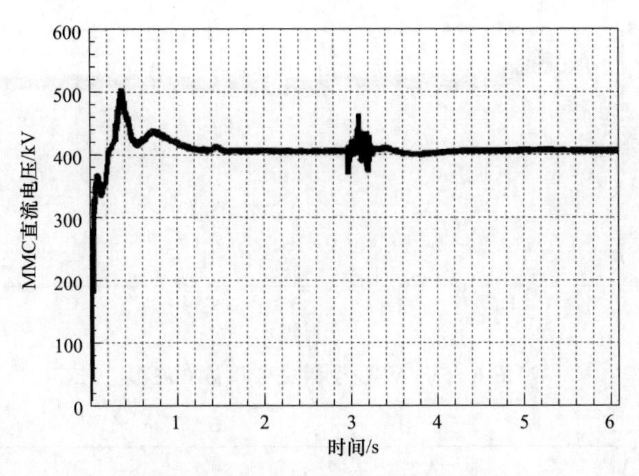

图 6-52　VSC 直流电压仿真波形

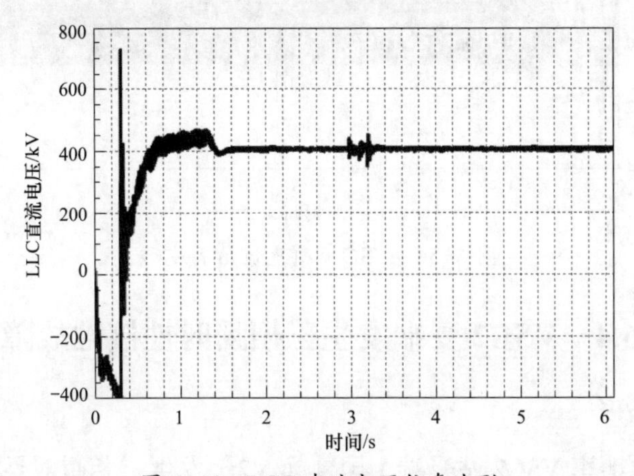

图 6-53　LCC 直流电压仿真波形

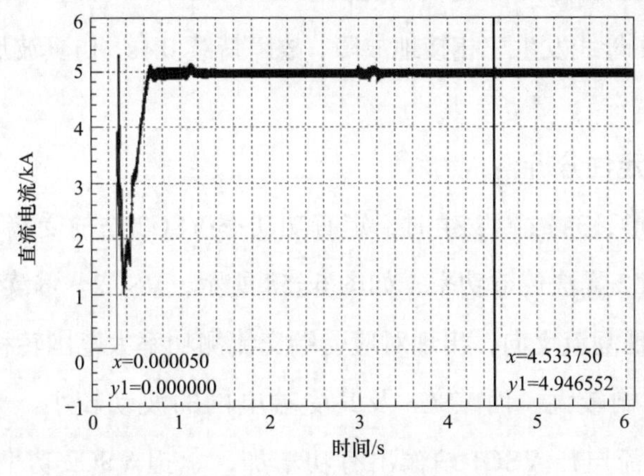

图 6-54　直流电流仿真波形

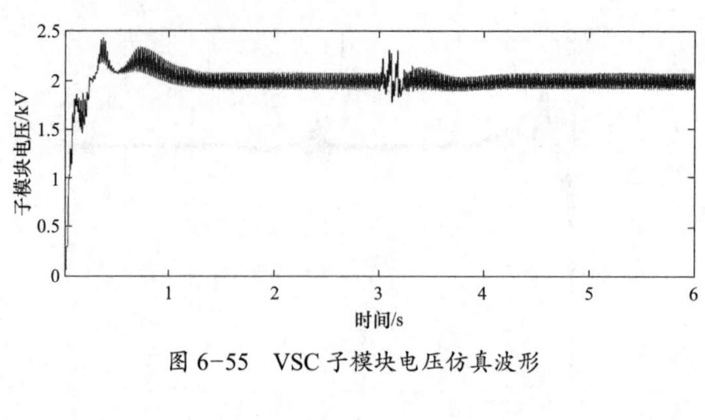

图 6-55　VSC 子模块电压仿真波形

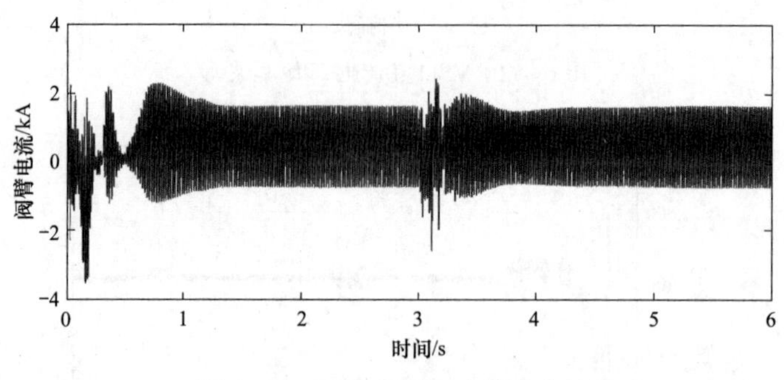

图 6-56　VSC 阀臂电流仿真波形

6.4　VSC2 受端发生三相瞬时性接地故障

1. 仿真波形

当定有功功率 VSC2 站受端（国熟换 V2）发生三相瞬时性接地故障时，进行机电—电磁混合仿真，对受端交流系统的电压稳定性进行分析。在 3s 时，设置国熟换 V2 母线发生三相接地故障，故障持续 0.1s，仿真波形如图 6-57～图 6-70 所示。

2. 电压稳定性分析

由仿真波形，3s 故障发生时，定有功功率 VSC2 站的受端母线电压几乎跌落至 0，VSC2 无法传输功率，如图 6-58 所示，VSC2～木渎支路有功波动较大，甚至出现潮流反向，出现对应受端交流侧功率大范围转移现象，VSC2 受端受故障影响较大。而 VSC3 及其受端电网的波动较小。为保持直流电压稳定，定直流电压 VSC1 站输出有功增加，承担 VSC2 功率缺额的传输，VSC1～常熟北和 VSC1～张家港支路输送功率增加，缓解了直流电压波动。

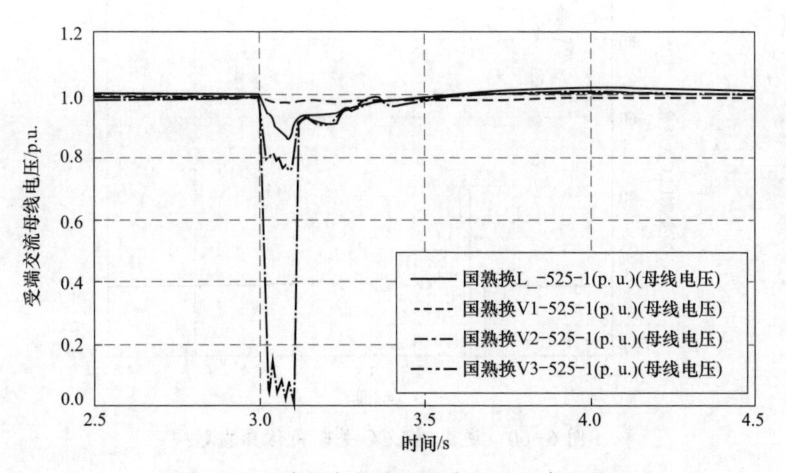

图 6-57　受端交流系统母线电压仿真波形

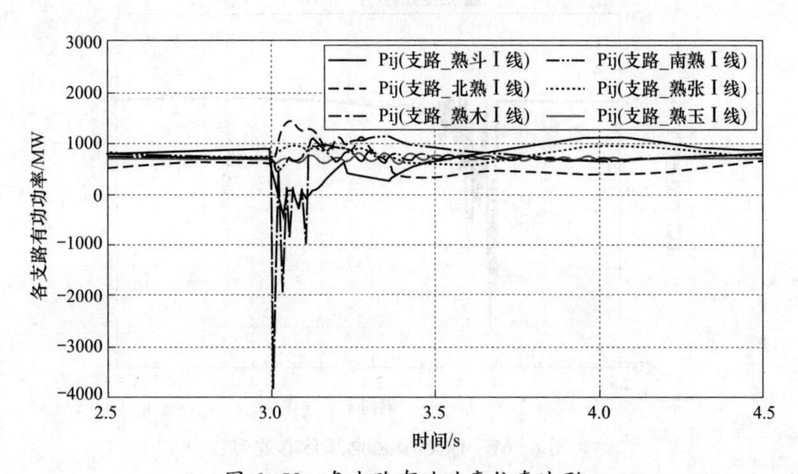

图 6-58　各支路有功功率仿真波形

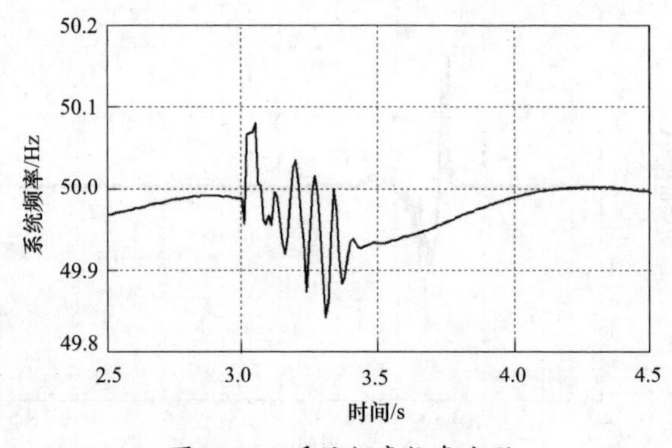

图 6-59　系统频率仿真波形

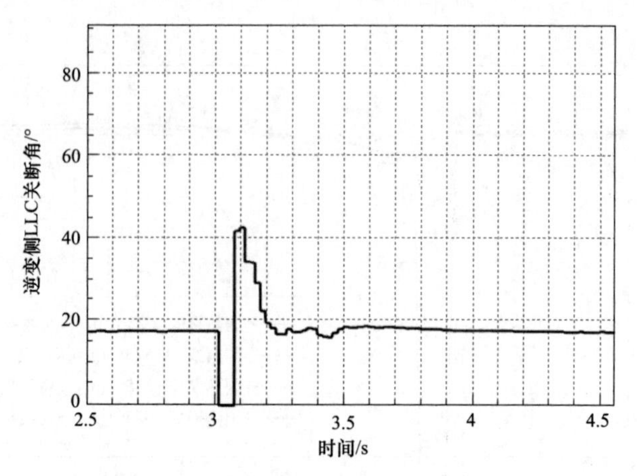

图 6-60　逆变侧 LCC 关断角仿真波形

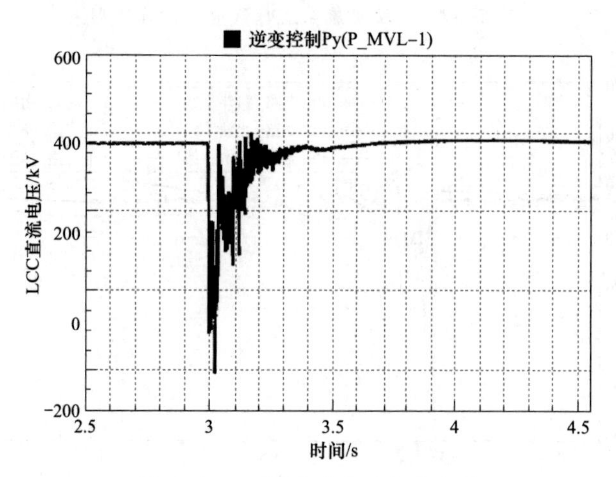

图 6-61　LCC 直流电压仿真波形

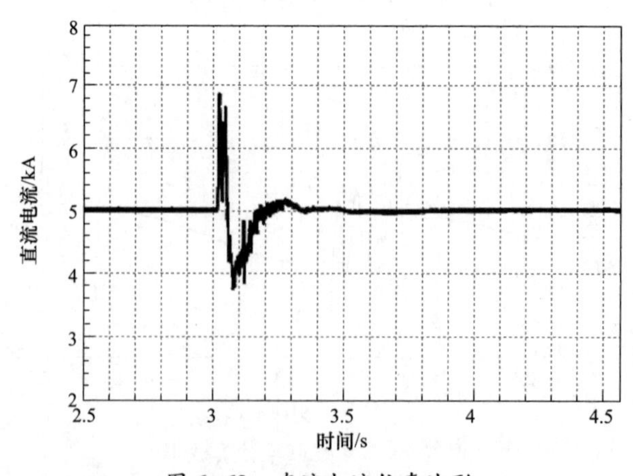

图 6-62　直流电流仿真波形

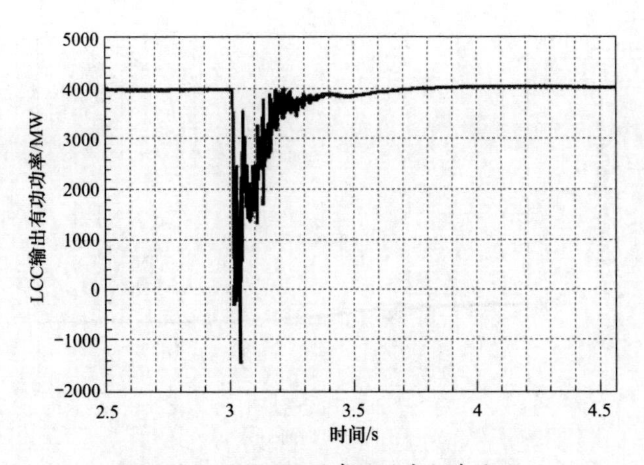

图 6-63　LCC 输送有功功率仿真波形

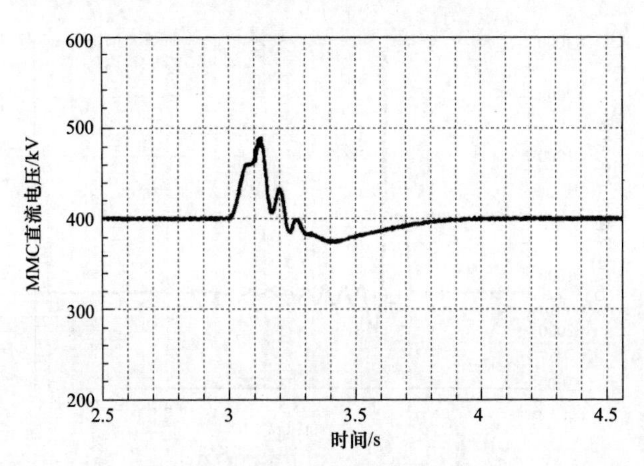

图 6-64　VSC 直流电压仿真波形

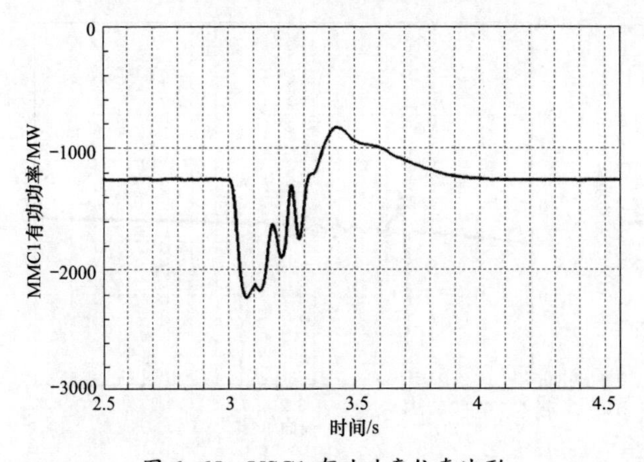

图 6-65　VSC1 有功功率仿真波形

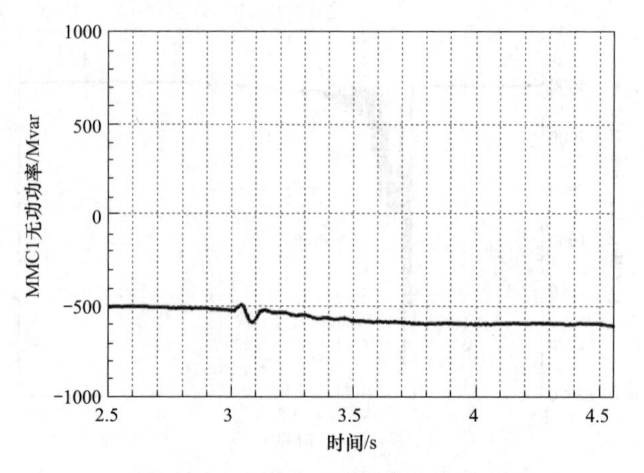

图 6-66 VSC1 无功功率仿真波形

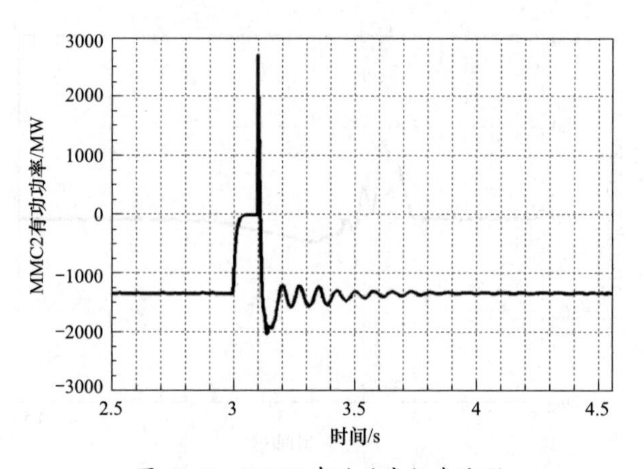

图 6-67 VSC2 有功功率仿真波形

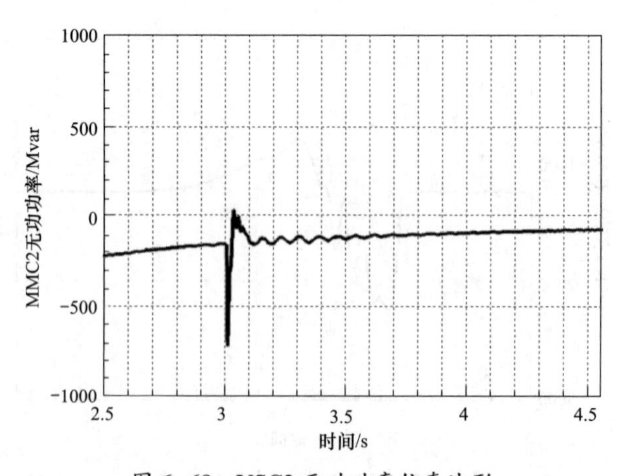

图 6-68 VSC2 无功功率仿真波形

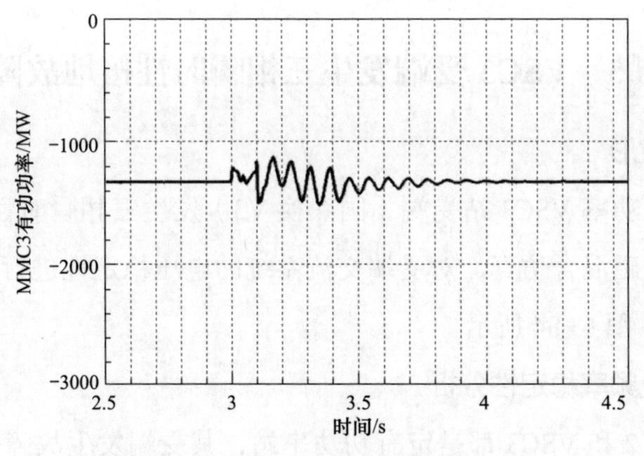

图 6-69　VSC3 有功功率仿真波形

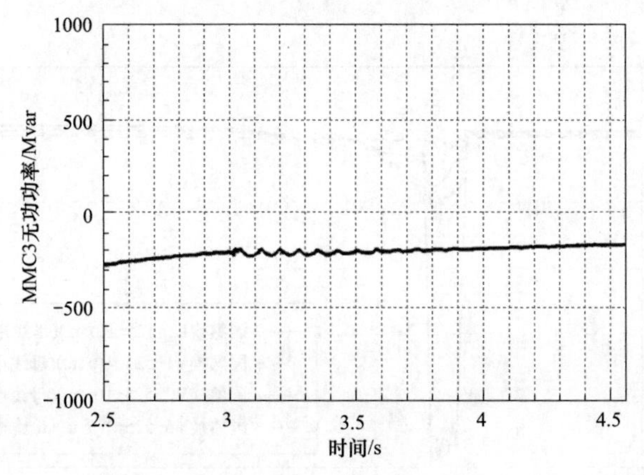

图 6-70　VSC3 无功功率仿真波形

3. 功率及频率稳定性分析

因多落点级联混合直流的 4 个受端交流系统之间存在电气连接，所以其他 3 个交流母线都有一定的电压跌落，如图 6-57 所示。由仿真波形可知，LCC 受端交流母线电压最低跌落到 0.88p.u. 左右，逆变侧 LCC 发生了换相失败，直流电压跌落至 0，中止传输功率。由图 6-58 可知，故障期间 LCC～斗山线路受到较大影响，也发生了潮流反向。

同时，由图 6-67 可知，故障期间，系统频率未超出正常运行条件下频率偏差限值 ±0.2Hz，受端电网频率稳定。故障清除后，系统传输的功率和电压能快速恢复至正常运行状态。

6.5 VSC3 受端发生三相瞬时性接地故障

1. 仿真波形

当定有功功率 VSC3 站受端（国熟换 V3）发生三相瞬时性接地故障时，进行机电—电磁混合仿真，对受端交流系统的电压稳定性进行分析，仿真波形如图 6-71～图 6-84 所示。

2. 功率及频率稳定性分析

由于 VSC2 和 VSC3 都是定有功功率站，其受端发生故障后的系统特性基本一致。

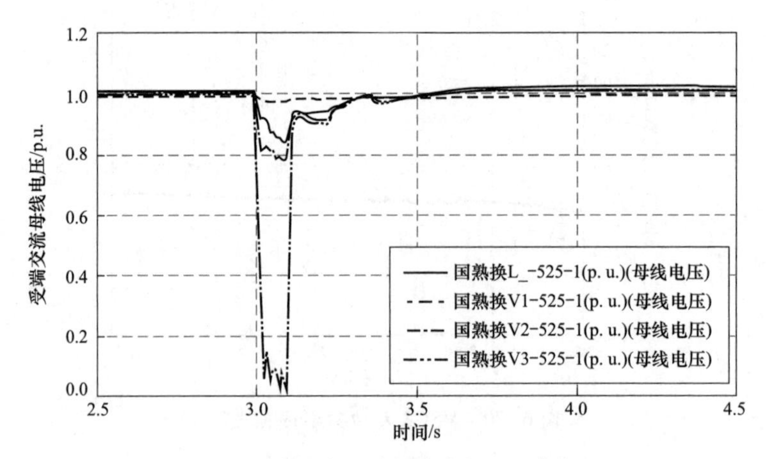

图 6-71　受端交流系统母线电压仿真波形

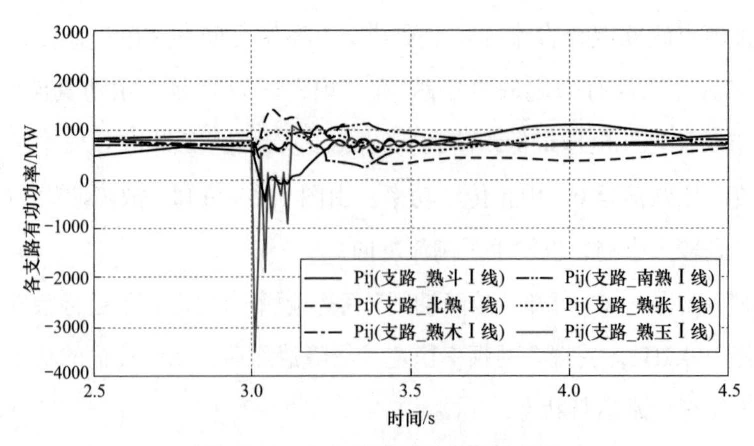

图 6-72　各支路有功功率仿真波形

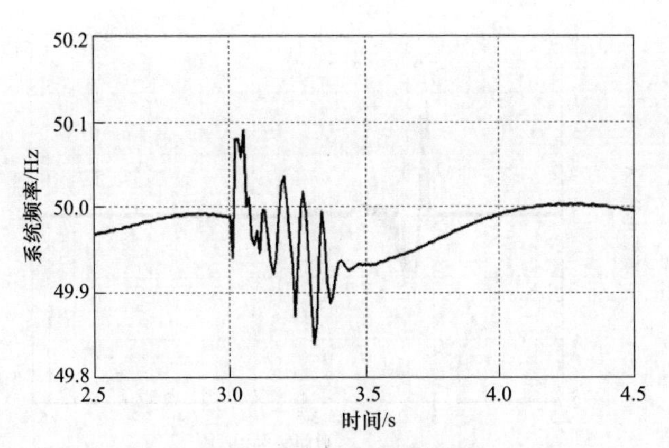

图 6-73　系统频率仿真波形

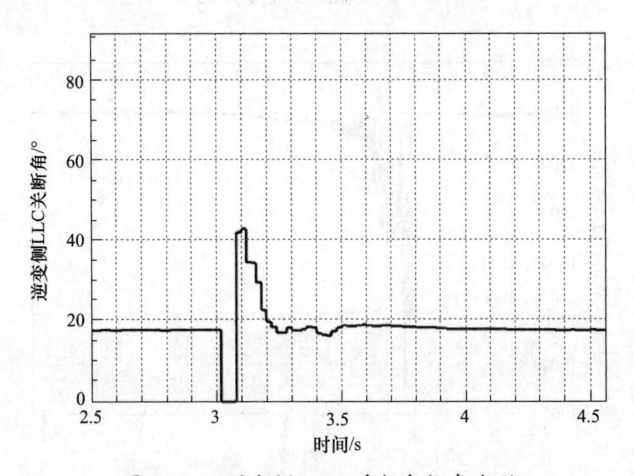

图 6-74　逆变侧 LCC 关断角仿真波形

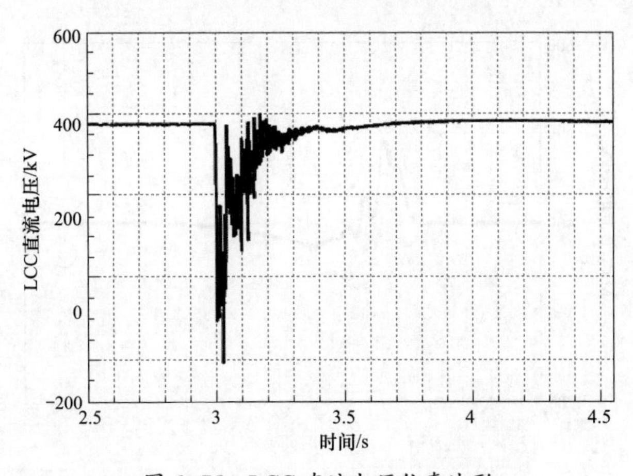

图 6-75　LCC 直流电压仿真波形

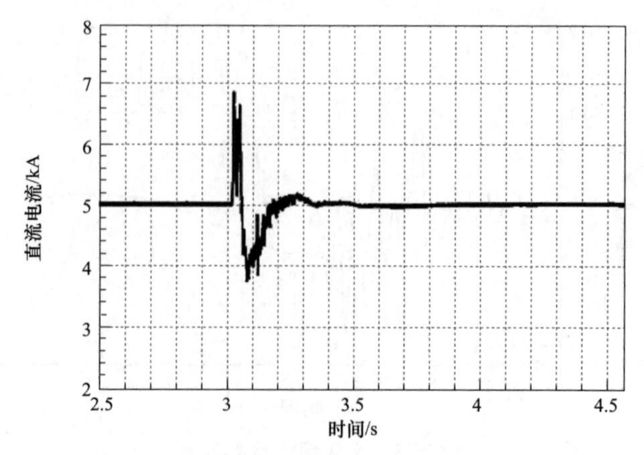

图 6-76　直流电流仿真波形

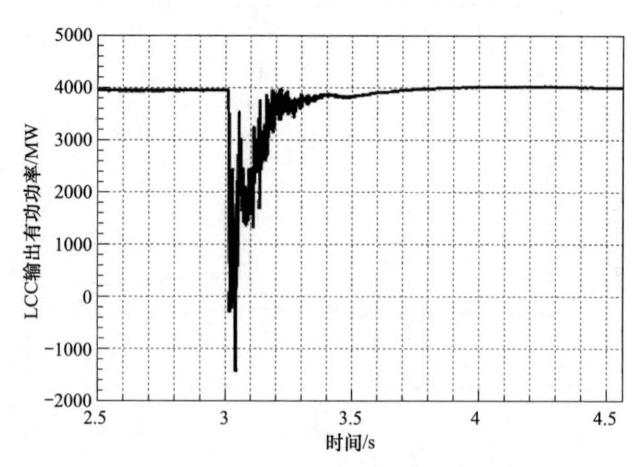

图 6-77　LCC 输送有功功率仿真波形

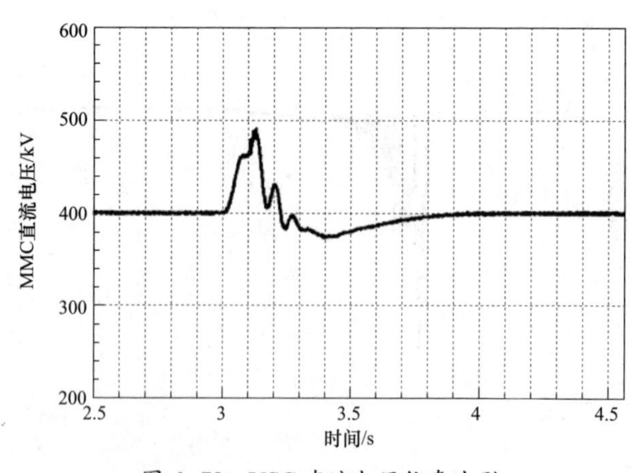

图 6-78　VSC 直流电压仿真波形

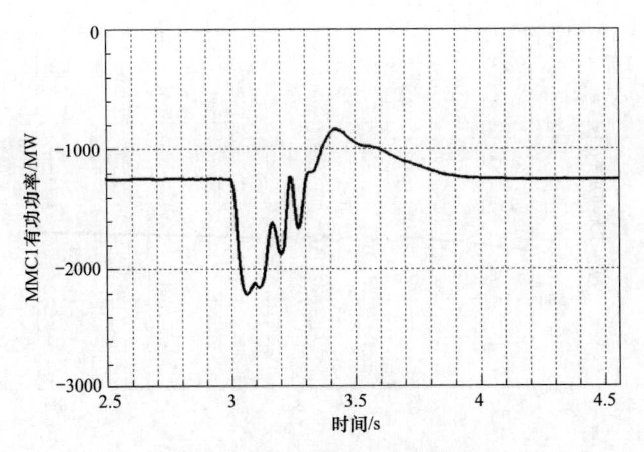

图 6-79　VSC1 有功功率仿真波形

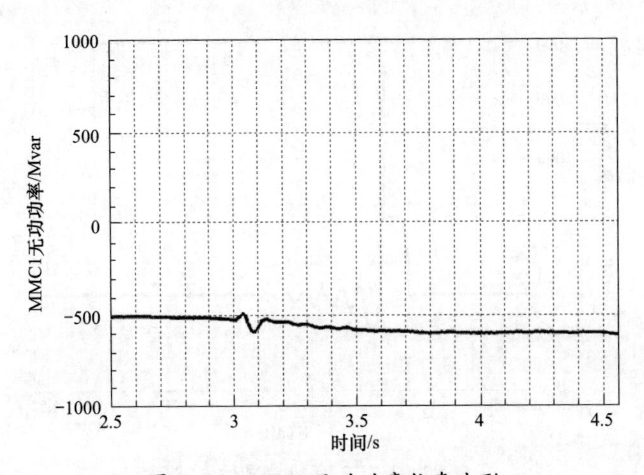

图 6-80　VSC1 无功功率仿真波形

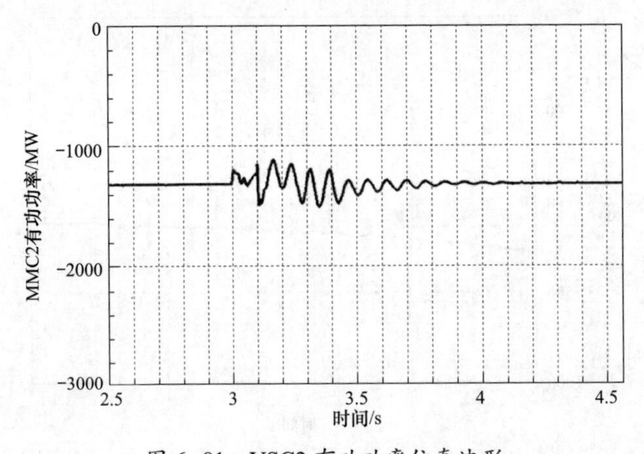

图 6-81　VSC2 有功功率仿真波形

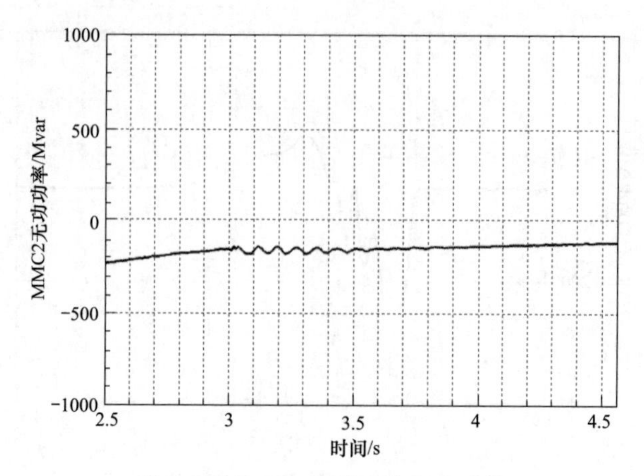

图 6-82　VSC2 无功功率仿真波形

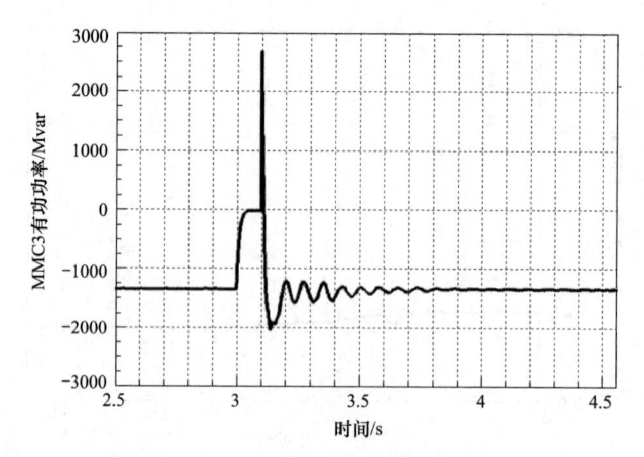

图 6-83　VSC3 有功功率仿真波形

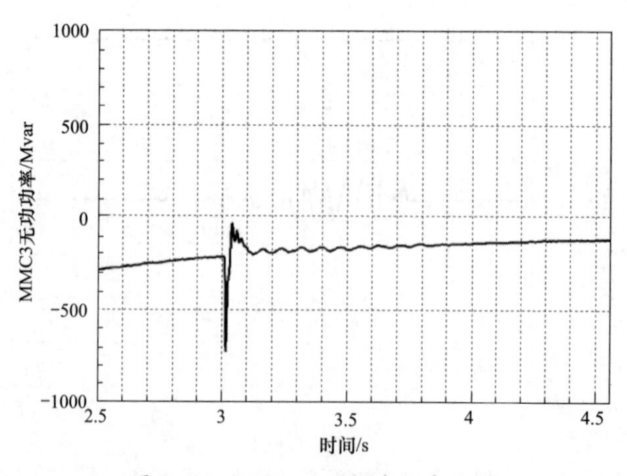

图 6-84　VSC3 无功功率仿真波形

故障发生时，定有功功率 VSC3 站的受端母线电压几乎跌落至 0，VSC3 无法传输功率。由图 6-72 可知，VSC3～玉山支路有功波动较大，甚至出现潮流反向，出现对应受端交流侧功率大范围转移现象，VSC3 受端受故障影响较大。而 VSC3 及其受端电网的波动较小。定直流电压 VSC1 传输功率增加，VSC1～常熟北和 VSC1～张家港支路输送功率增加，缓解了直流电压波动。同时，LCC 受端交流母线电压最低跌落到 0.87p.u. 左右，逆变侧 LCC 发生了换相失败，直流电压跌落至 0，中止传输功率。由图 6-58 可知，故障期间 LCC～斗山线路受到较大影响，也发生了潮流反向。由图 6-73 可知，故障期间，系统频率未超出正常运行条件下频率偏差限值 ±0.2Hz，受端电网频率稳定。

故障清除后，系统传输的功率和电压能快速恢复至正常运行状态。

6.6　本　章　小　结

根据本章内容分析，可以得出如下结论。

（1）当 LCC 受端发生短路接地故障时，LCC 发生换相失败，中止传输功率，LCC～斗山线路和 LCC～常熟南线路发生潮流反向，LCC 受端受故障影响较大，但由此引起连续换相失败并带来直流闭锁的可能性不大；低端 VSC 仍可传输一定的功率，但定直流电压 VSC1 站传输有功波动较大，VSC1～常熟北出现反送功率现象，对与其连接的电网产生较大影响；定有功功率 VSC2 和 VSC3 站对应的受端交流系统的电压有一定的跌落，但其传输的功率波动较小，受端电网受到的影响较小。同时，整个故障期间，受端电网频率波动在安全范围内。

（2）当 VSC 采用定交流电压控制时，可释放 VSC 对交流系统的无功支撑潜力，维持对应受端交流母线电压稳定，提高受端电网的电压稳定性。

（3）当定直流电压 VSC1 站受端发生三相接地故障，在无泄能装置情况下，VSC 电容进行充电，会导致其过压，VSC 阀将超过器件的耐压耐流能力，造成严重事故。加装泄能装置避雷器后，当 VSC 直流电压过高时，避雷器动作吸收盈余功率，可维持 VSC 电压稳定。同时，避雷器结构简单，无须二次保护，增加系统的可靠性。

（4）当定有功功率 VSC2 站或 VSC3 站的受端发生三相接地故障时，近区交流线路功率波动较大并发生潮流反向，对应受端受故障影响较大。定直流电压 VSC1 传输功率增加，近区交流线路输送功率增加，缓解了直流电压波动。LCC 受端交流母线电压跌落，发生换相失败，中止传输功率，LCC～斗山线路也发生潮流反向。故障期间，受端电网频率波动未超出安全范围，频率稳定。

第 7 章

多落点级联混合直流故障穿越措施

本章在基于第 5 章分析的基础上，选择较为严重的故障类型，考察加入可控避雷器和单向串接二极管对多落点级联混合直流故障穿越能力的提升效果。

7.1　VSC 并联可控避雷器方式

避雷器本质可认为是一个非线性电阻，正常工作电压下其电阻值很高，实际上相当于一个绝缘体，而在过电压作用下，电阻片的电阻很小，起到泄放能量、保护设备的作用。避雷器可分为带放电间隙（如碳化硅避雷器）和不带放电间隙（如氧化锌避雷器）两类，ADPSS 软件中的单相避雷器模块如图 7-1 所示，其中氧化锌避雷器直接用非线性电阻元件模拟，碳化硅避雷器用一个非线性电阻串联一个压控开关来模型。

1-1-SinglePhaseArrester-408

0p.u.　+

图 7-1　ADPSS 软件中的单相避雷器模块

特高压可控避雷器是一种不同于传统避雷器的新型装置，可以通过动态改变金属氧化物的伏安特性来限制过电压。其结构包括避雷器本体和可控开关，避雷器本体进一步分为受控部分和固定部分，两部分串联构成避雷器主体，可控开关并联在受控部分两端形成可控部分。可控避雷器的主要控制思想是通过开关动作，改变避雷器电阻片的投入数量，从而使避雷器的伏安特性曲线改变。因而可控避雷器在系统正常运行时，荷电率低，可靠性高，使用寿命长；在系统过电压来临时，控制可控开关使受控部分短接，能够大幅度降低过电压水平。ADPSS 软件中的可控避雷器结构如图 7-2 所示。

根据第 5 章分析，整流侧 LCC 交流母线发生三相短路接地故障并未导致 VSC 出现严重过压、过流，且 VSC 并联避雷器方式无法有效提升整流侧交流

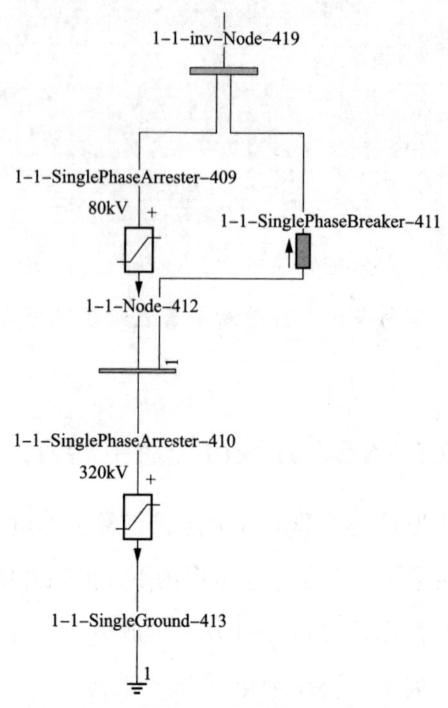

图 7-2　ADPSS 软件中的可控避雷器结构

故障穿越能力。因此本节主要考虑 VSC 并联可控避雷器方式对逆变侧交流三相短路接地故障穿越能力的提升效果。

ADPSS 中避雷器静态伏安特性可用式（7-1）描述，仿真中采用的可控避雷器参数见表 7-1。

$$i = p\left(\frac{u}{u_{\mathrm{ref}}}\right)^{q} \tag{7-1}$$

式中　p——电流基数；

q——电压指数系数；

u_{ref}——避雷器参考电压。

表 7-1　　可控避雷器参数

参数	数值
可控避雷器固定部分持续运行电压 /kV	360
可控避雷器可控部分持续运行电压 /kV	80

续表

参数	数值
避雷器参考电压 /kV	440
电流基数 /kA	1.2
电压系数	1.4

7.1.1　针对逆变侧 LCC 交流母线故障

由第 5 章仿真分析可知，逆变侧 LCC 交流母线发生三相短路接地故障，逆变侧 LCC 发生连续换相失败，VSC 由于直流电流的增大存在一个短时上升期，使 VSC 电压接近 IGBT 阀耐压极限，考虑为 VSC 并联可控避雷器，当发生故障导致 VSC 电压过高时，避雷器动作吸收盈余的直流能量，起到保护 VSC 阀组的作用。仿真波形如图 7-3～图 7-6 所示，仍然设置逆变侧 LCC 交流母线在 3s 发生三相短路接地故障，故障持续 0.1s。

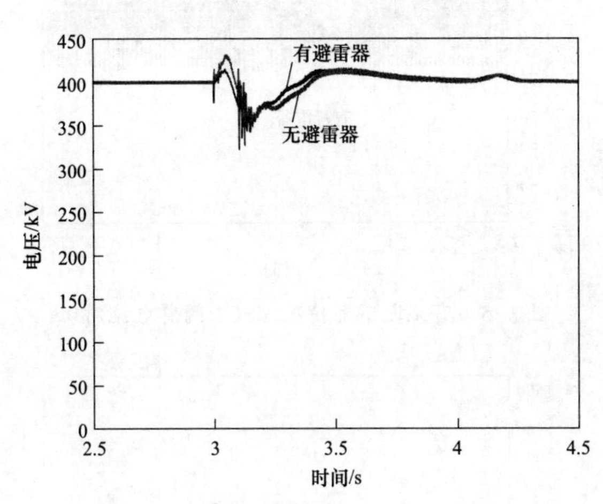

图 7-3　有无避雷器情况 VSC 直流电压对比

由图 7-3～图 7-6 可知，加入避雷器后，抑制了故障过程中 VSC 电压的升高，降低了 VSC1 直流电流和阀臂电流，但无法防止 VSC1 进入整流状态运行。

7.1.2　针对逆变侧 VSC1 交流母线故障

由第 5 章仿真分析可知，逆变侧 VSC1 交流母线发生三相短路接地故障，VSC 电压会上升至 700kV，严重超过 IGBT 阀耐压极限。设置逆变侧 VSC1

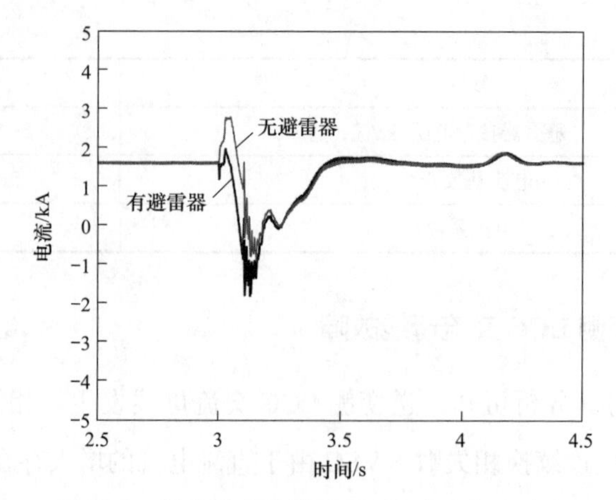

图 7-4　有无避雷器情况 VSC1 直流电流对比

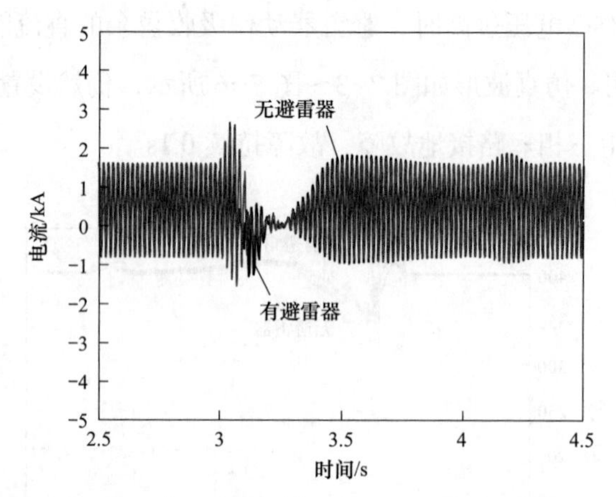

图 7-5　有无避雷器情况 VSC1 阀臂电流对比

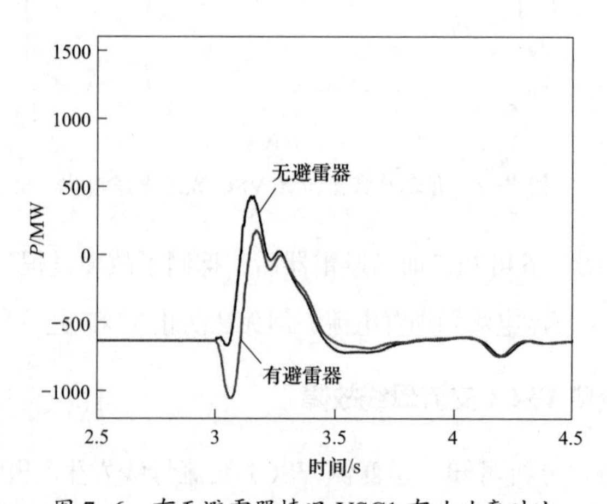

图 7-6　有无避雷器情况 VSC1 有功功率对比

交流母线在 3s 发生三相短路接地故障，故障持续 0.1s，为 VSC 并联可控避雷器后的仿真波形如图 7-7～图 7-10 所示。

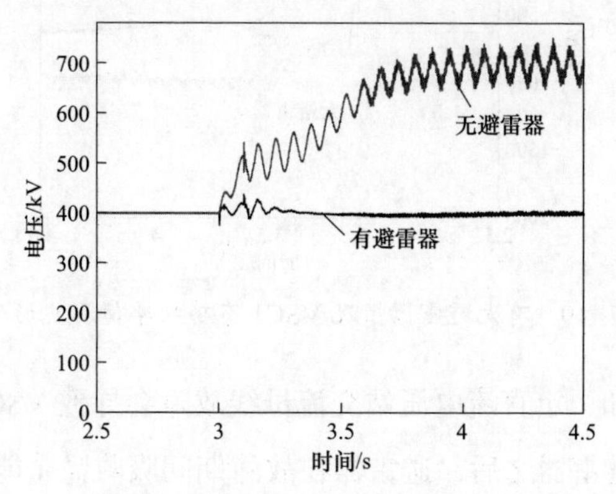

图 7-7　有无避雷器情况 VSC 直流电压仿真波形对比

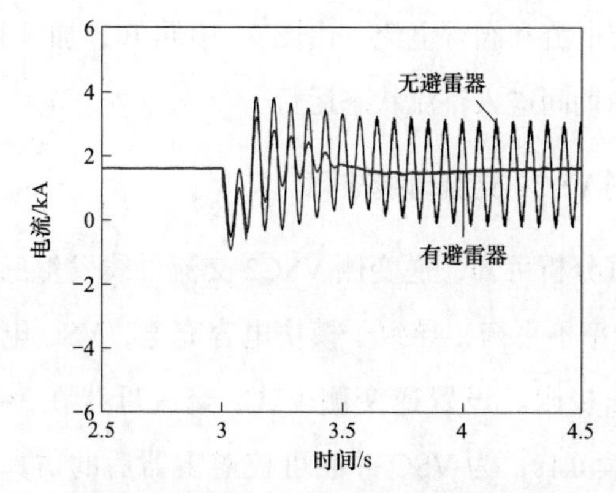

图 7-8　有无避雷器情况 VSC1 直流电流仿真波形对比

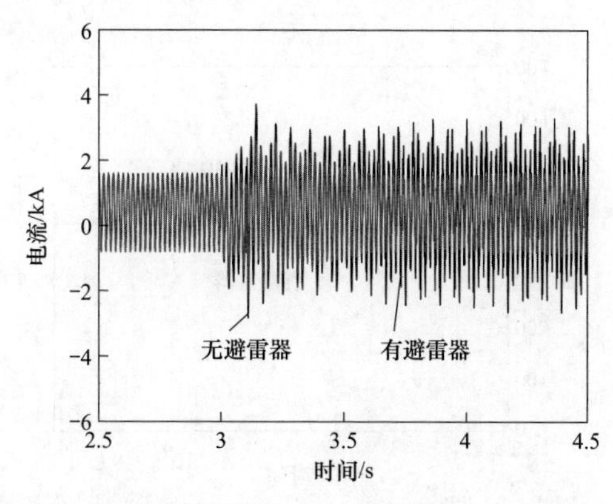

图 7-9　有无避雷器情况 VSC1 阀臂电流仿真波形对比

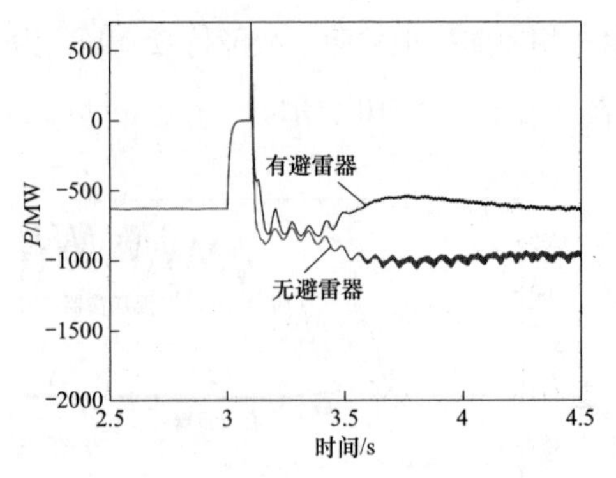

图 7-10　有无避雷器情况 VSC1 有功功率仿真波形对比

由图 7-7 可知，定直流电压站交流母线故障会导致 VSC 出现非常严重的过电压，而加入避雷器之后，避雷器在故障期间吸收盈余能量，将 VSC 电压控制在合理范围之内。由图 7-8 和图 7-9 可知，加入避雷器后可以有效限制流入 VSC1 的直流电流和阀臂电流，由图 7-10 可知，加入避雷器无法阻止定直流电压站在故障期间进入整流状态运行。

7.1.3　针对逆变侧 VSC2 交流母线故障

由第 5 章仿真分析可知，逆变侧 VSC2 交流母线发生三相短路接地故障，VSC2 由于两端功率不平衡，导致子模块电容充电，VSC 电压升高至 520kV，超过 IGBT 阀耐压极限。设置逆变侧 VSC2 交流母线在 3s 发生三相短路接地故障，故障持续 0.1s，为 VSC 并联可控避雷器后的仿真波形如图 7-11～图 7-14 所示（下述主要以故障 VSC 仿真波形为例）。

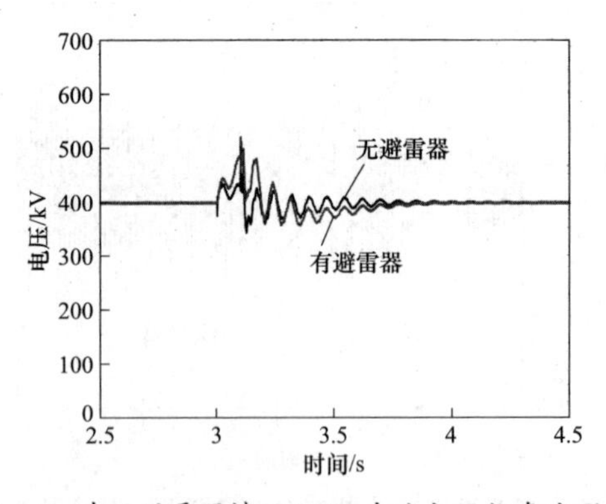

图 7-11　有无避雷器情况 VSC 直流电压仿真波形对比

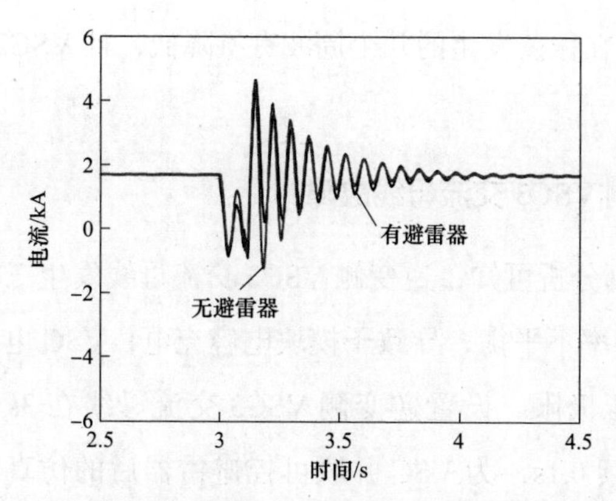

图 7-12　有无避雷器情况 VSC2 直流电流仿真波形对比

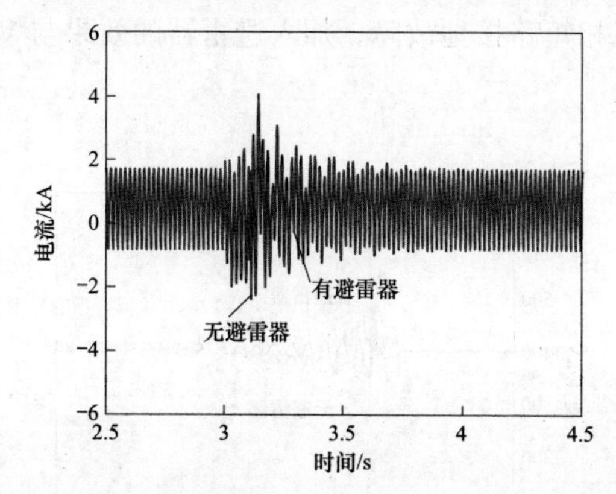

图 7-13　有无避雷器情况 VSC2 阀臂电流仿真波形对比

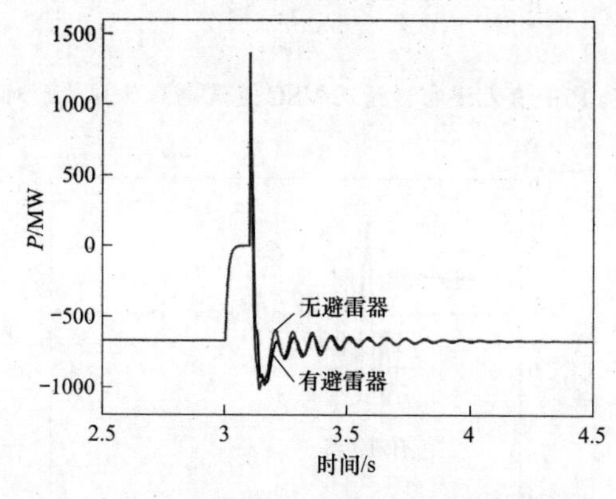

图 7-14　有无避雷器情况 VSC2 有功功率仿真波形对比

由图 7-11～图 7-14 可知，针对 VSC2 交流系统三相短路接地故障，加入避雷器可有效降低由于 VSC2 两端功率不平衡导致的 VSC 电压过压，但

VSC2 直流电流仅在振荡发生的几个周波有所降低，且 VSC2 仍存在进入整流状态运行的问题。

7.1.4　针对逆变侧 VSC3 交流母线故障

由第 2 章仿真分析可知，逆变侧 VSC3 交流母线发生三相短路接地故障，VSC3 由于两端功率不平衡，导致子模块电容充电，VSC 电压升高至 500kV，超过 IGBT 阀耐压极限。设置逆变侧 VSC3 交流母线在 3s 发生三相短路接地故障，故障持续 0.1s，为 VSC 并联可控避雷器后的仿真波形如图 7-15～图 7-18 所示。由图可知，由于 VSC3 与 VSC2 同属定有功功率控制站，针对 VSC3 交流系统三相短路接地故障，加入避雷器的效果与 VSC2 故障基本相同，在此不再赘述。

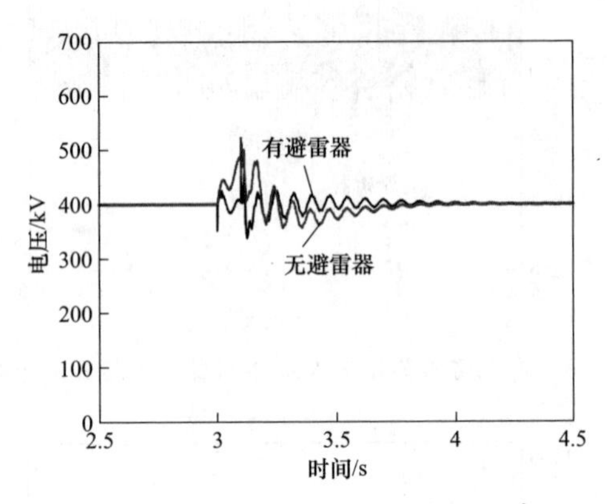

图 7-15　有无避雷器情况 VSC 直流电压仿真波形对比

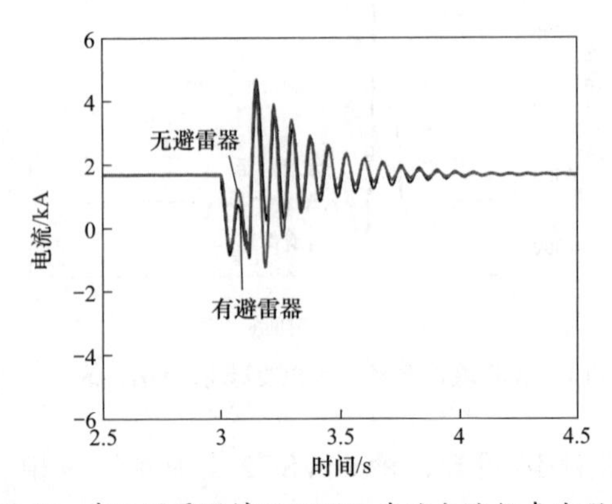

图 7-16　有无避雷器情况 VSC1 直流电流仿真波形对比

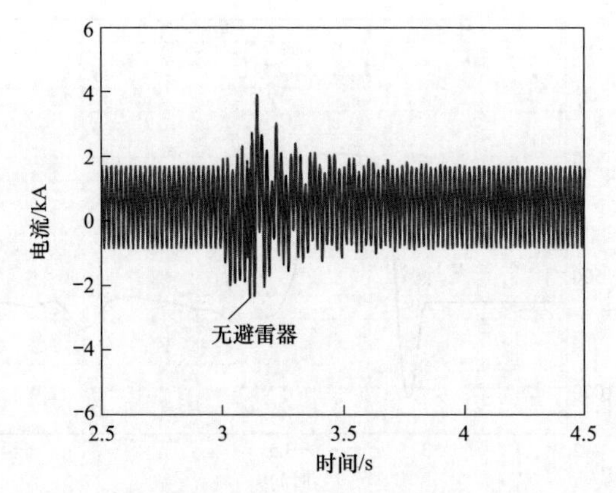

图 7-17　有无避雷器情况 VSC1 直流电流仿真波形对比

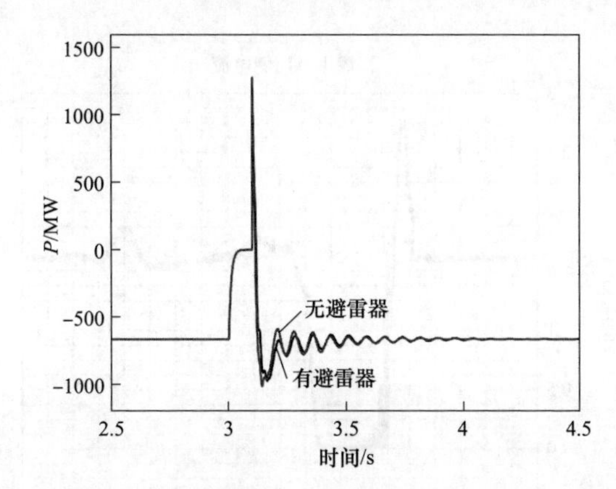

图 7-18　有无避雷器情况 VSC1 有功功率仿真波形对比

7.2　VSC 直流入口串联二极管方式

7.2.1　防止故障 VSC 进入整流状态运行

针对前述的故障情形，在 VSC 直流入口串联二极管的主要作用在于防止故障导致定直流电压站 VSC1 进入整流状态运行，以及故障 VSC 进入整流状态运行。此外，与避雷器配合使用，可防止避雷器泄放能量过程中，由逆变侧交流系统向避雷器注入能量。下面以逆变侧 LCC 交流母线发生三相短路接地故障为例，验证串联二极管方式的作用，仿真波形如图 7-19 和图 7-20 所示，其余 VSC 交流母线故障的情形与之类似，均可以防止故障 VSC 出现功率倒流，提高系统运行稳定性。

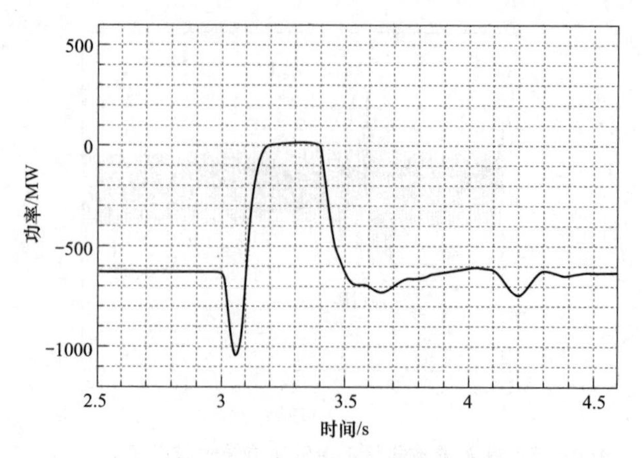

图 7-19　串联二极管后 VSC1 有功功率仿真波形

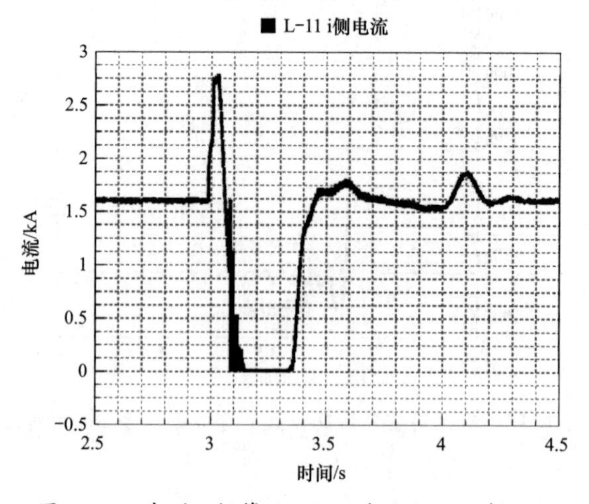

图 7-20　串联二极管后 VSC1 直流电流仿真波形

7.2.2　抑制 VSC 暂态电流

为保证运行灵活性，通常会给低端 VSC 配置旁路开关，保证当低端 VSC 故障穿越失败或因故障退出运行时，高端 LCC 仍可继续运行。但合闸旁路开关，会造成 VSC 直流侧短路，基于半桥子模块的 VSC，即使换流阀闭锁，交流侧仍可通过反并联二极管向直流侧馈入短路电流，同时数个 VSC 并联的结构会使得短路电流成倍增加。串联二极管方式，可以有效抑制 VSC 直流侧短路造成的暂态电流。设置 3s 时，旁路开关将 VSC 旁路，持续 0.1s，仿真波形如图 7-21 和图 7-22 所示。

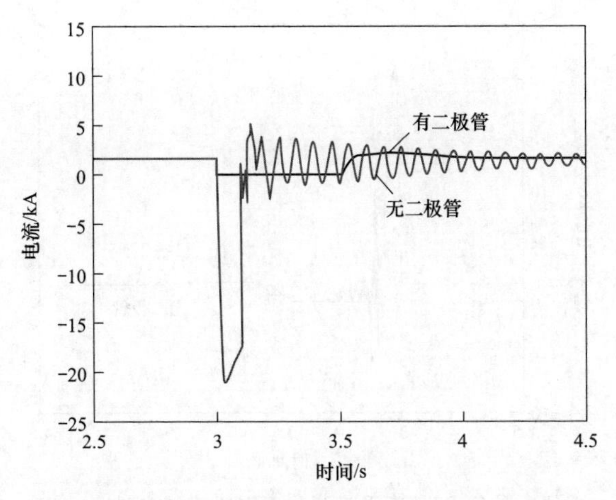

图 7-21　有无二极管 VSC1 直流电流仿真波形

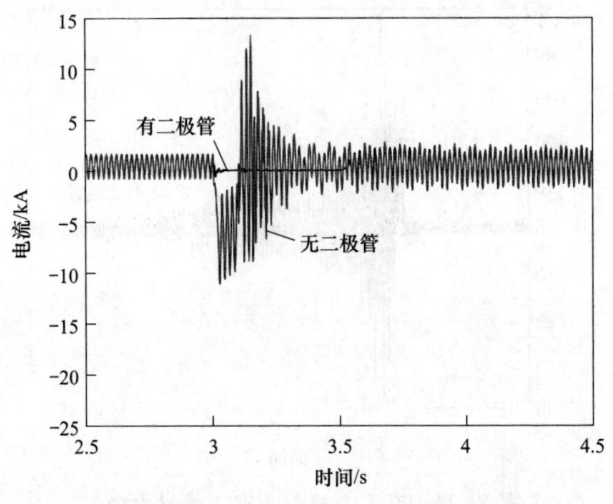

图 7-22　有无二极管 VSC1 阀臂电流仿真波形

由图 7-21 和图 7-22 可知，串联二极管方式，可以在旁路开关旁通 VSC 时，抑制由逆变侧交流系统流入直流侧的暂态电流，保护 VSC 阀组。

除旁路开关将 VSC 旁通引起的暂态电流外，当 VSC 换流变阀侧发生接地短路故障时，串联二极管方式同样可抑制出现的暂态过电流。

设置 VSC1 换流变阀侧 3s 发生三相短路接地故障，有无串联二极管的仿真波形如图 7-23 和图 7-24 所示。

由图 7-23 和图 7-24 可知，串联二极管的加入，有效抑制了阀侧接地短路故障引起的暂态电流。

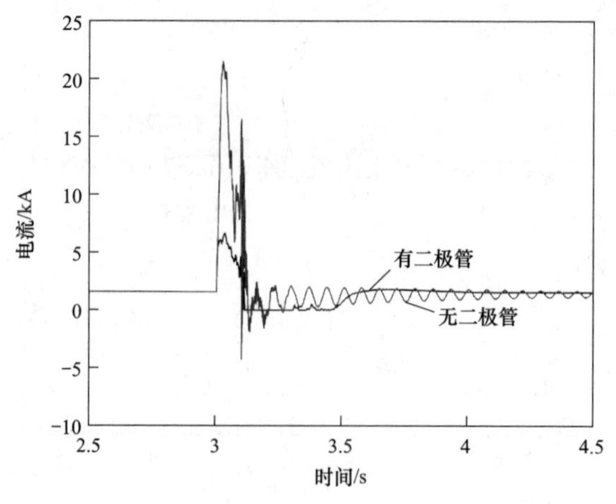

图 7-23　有无二极管 VSC1 直流电流

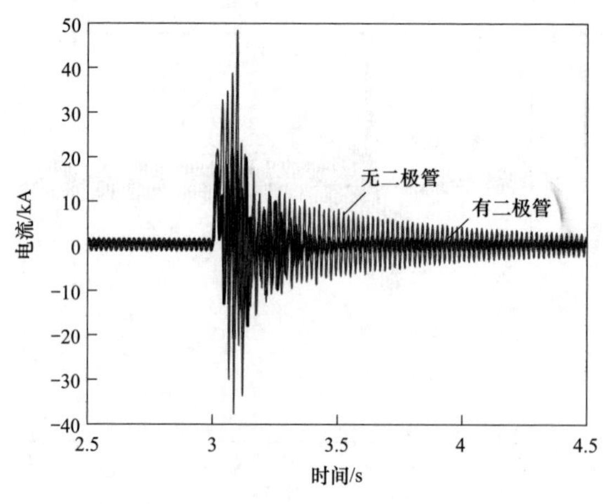

图 7-24　有无二极管 VSC1 阀臂电流

7.3　基于虚拟阻抗控制器的故障电流限制方法

以上研究的可控避雷器及串联二极管的方法均需要加设额外的元件的装备，因此需要考虑经济性成本，并且未从根本上改善 LCC 逆变侧交流故障造成的过压过流问题。本节从混合直流控制策略的角度，利用虚拟阻抗的概念，对逆变侧 LCC 与 VSC 的控制环节进行改进，在不增加额外的设备投入成本的基础上同时改善 LCC 和 VSC 的故障电流及故障电压，避免 IGBT 在过压过流后闭锁导致的功率传输中断的问题。

7.3.1　逆变侧 LCC 引入的虚拟阻抗及控制方法

虚拟阻抗在混合直流中的应用均基于换流器的阻抗模型，其中，采用典型控制方式的 LCC 逆变器在交流侧故障下的数学表达式为

$$\begin{cases} I_{\mathrm{d}}=\dfrac{U_{\mathrm{dr}}-U_{\mathrm{di}}}{R_{\mathrm{rec}}+R_{\mathrm{L}}-R_{\mathrm{inv}}} \\ U_{\mathrm{dr}}=U_{\mathrm{d0r}}\cos\alpha_{\mathrm{r}}-R_{\mathrm{rec}}I_{\mathrm{d}} \\ U_{\mathrm{di}}=U_{\mathrm{d0i}}\cos\gamma-R_{\mathrm{inv}}I_{\mathrm{d}} \\ U_{\mathrm{d0r}}=U_{\mathrm{d0i}}=\dfrac{3\sqrt{2}}{\pi}U_{\mathrm{LL}} \end{cases} \tag{7-2}$$

式中　I_{d}——LCC 的直流电流；

U_{dr}、U_{di}——分别为 LCC 整流侧和逆变侧的直流电压；

U_{LL}——交流母线的线电压；

R_{inv}、R_{rec}、R_{L}——均为直流线路阻抗。

当 LCC 逆变侧交流母线发生短路故障引起换相失败时，系统的一大特征为，交流母线瞬间降低，由式（7-2）可知，其会导致直流电压骤降，由于 LCC 采用定直流功率控制，LCC 的直流电流会骤然增大，具体关系如下。

当交流母线发生对称或者不对称故障时，交流母线电压与系统熄弧角的关系为

$$\gamma_{\mathrm{i}}=\arccos\left(\frac{\sqrt{2}I_{\mathrm{d}}X_{\mathrm{ci}}}{k'U_{\mathrm{LLinv}}}+\cos\beta_{\mathrm{i}}\right)-\Delta\varphi \tag{7-3}$$

式中　β_{i}——逆变器的触发超前角，与触发延迟角 α_i 为互补的关系，等于 $\pi-\alpha_i$；

k'——故障所在相的正常相电压与故障相电压的比值，在发生三相对称短路故障时，$k'=1$。

故障下的故障电流表达式为

$$I_{\mathrm{d}}=\frac{U_{\mathrm{d0r}}\cos\alpha_{\mathrm{r}}-\dfrac{3-k''}{3}U_{\mathrm{d0i}}\cos(\pi-\alpha_{\mathrm{i}})}{R_{\mathrm{d}}} \tag{7-4}$$

式中　R_d——LCC 的直流阻抗，$R_d = R_{rec} + R_L - R_{inv}$；

k''——逆变侧交流母线发生单相故障时的电压跌落程度，在单相故障下 $k' = \sqrt{1 - k'' + (k'')^2 / 3}$，在对称故障下 k'' 为零。

由以上推导可以看出，在系统其他条件不变时，一种方法是增大系统的直流阻抗，但这一方法同时也增加了成本，并且随着故障程度的不同，直流阻抗的取值不能是固定不变的；另一种方法是在系统本身的阻抗不变时，从逆变侧直流故障电压入手，通过设计控制方法增大式（7-4）中逆变侧的直流电压来改变故障电流。基于此，引入虚拟阻抗 Z_{v_lcc} 对故障电流进行抑制。

由式（7-4）可得，当交流故障引起交流母线电压跌落程度一定时，U_{d0i} 也就确定了，逆变侧直流电压受熄弧角 γ_i 的影响，而且考虑，在逆变侧的定熄弧角控制环节引入虚拟阻抗控制量，如图 7-25 所示。

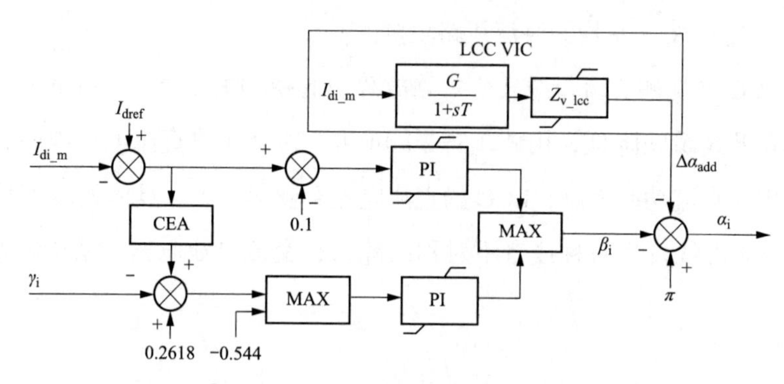

图 7-25　LCC 逆变器引入的虚拟阻抗

进一步推导 LCC 虚拟阻抗的表达式，引入虚拟阻抗生成的附加控制信号 $\Delta\alpha_{add}$ 后，式（7-4）可以改写为

$$I'_d = \frac{U_{d0r}\cos\alpha_r - \dfrac{3-K''}{3}U_{d0i}\cos(\pi - \alpha_i - \Delta\alpha_{add})}{R_d} \tag{7-5}$$

对比（7-4）与（7-5）可知，引起的逆变侧直流电压变化量为

$$\Delta U_{di} = U_{d0i}\left[\cos(\gamma_0 - \Delta\alpha_{add}) - \cos\gamma_0\right] \tag{7-6}$$

将式（7-5）改写成虚拟阻抗的形式，可以写为

$$I_{\rm d}' = \frac{U_{\rm d0r}\cos\alpha_{\rm r} - \dfrac{3-K''}{3}U_{\rm d0i}\cos(\pi-\alpha_{\rm i})}{R_{\rm d} + Z_{\rm v\_LCC}} \tag{7-7}$$

进一步推导得到 LCC 逆变侧阻抗的表达式为

$$Z_{\rm v\_LCC} = R_{\rm d}\frac{\Delta U_{\rm di}}{U_{\rm d} - \Delta U_{\rm di}} \tag{7-8}$$

式（7-8）中，$U_{\rm d}$ 可以表示为

$$U_{\rm d} = U_{\rm d0r}\cos\alpha_{\rm r} - \frac{3-K''}{3}U_{\rm d0i}\cos(\pi-\alpha_{\rm i}) \tag{7-9}$$

以上则是推导得到了 LCC 引入的虚拟阻抗。为实现该控制阻抗的引入，由于混合直流逆变侧的特殊结构，及其 LCC 串联的 VSC 对故障电压和故障电流的安全要求，即 MMC 桥臂承受的故障电压不超过正常运行时的 1.1 倍，电流不超过正常运行电流的两倍，以此为依据，设计控制器参数，实现虚拟阻抗的引入。该方法中，将限制的故障电流留出 $0.1I_{\rm dN}$ 的裕度，因此，控制器的参考故障电流设置为 $1.9I_{\rm dN}$，根据（7-7），需要引入的虚拟阻抗值为

$$Z_{\rm v\_LCC} = \frac{(I_{\rm d} - 1.9I_{\rm dN})R_{\rm d}}{1.9I_{\rm dN}} \tag{7-10}$$

进一步可以得到虚拟阻抗控制器提升的故障电压为

$$\Delta U_{\rm di} = \frac{Z_{\rm v\_LCC}U_{\rm d}}{R_{\rm d} + Z_{\rm v\_LCC}} \tag{7-11}$$

以上则完成了 LCC 侧虚拟阻抗控制器的原理分析和设计方法。

ADPSS 软件中的 LCC 侧虚拟阻抗控制器如图 7-26 所示，其中逻辑单元模块实现式（7-11）所示的表达式。

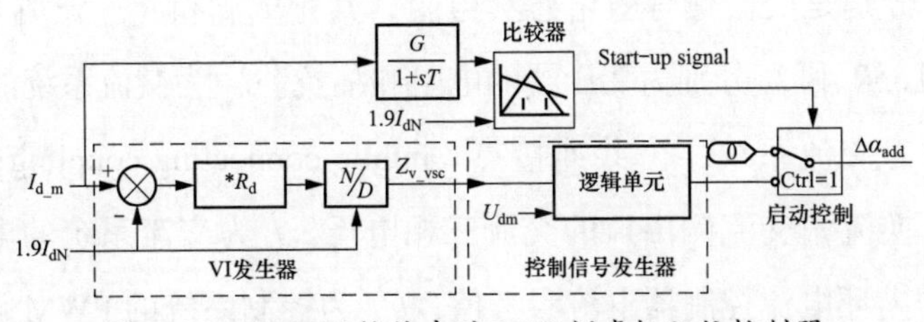

图 7-26　ADPSS 软件中的 LCC 侧虚拟阻抗控制器

7.3.2 逆变侧 VSC 引入的虚拟阻抗及控制方法

由于储能元件的存在，VSC 的阻抗模型相比于 LCC 较为复杂，因此，考虑基于 MMC 的平均值模型推导得到 VSC 的等效阻抗模型。MMC 换流站的 AVM 模型如图 7-27 所示，其中 L_{arm} 和 R_{arm} 分别是桥臂电感和桥臂电阻。C_e 是直流侧的等值电容，其中 N 是子模块数目，C_{sub} 是子模块电容大小。V_{dc} 和 i_{dc} 是直流侧的电压和电流。Z_E 是定功率站或者定电压站的等效受控电流源（equivalent controlled current source，ECCS）的输出阻抗。

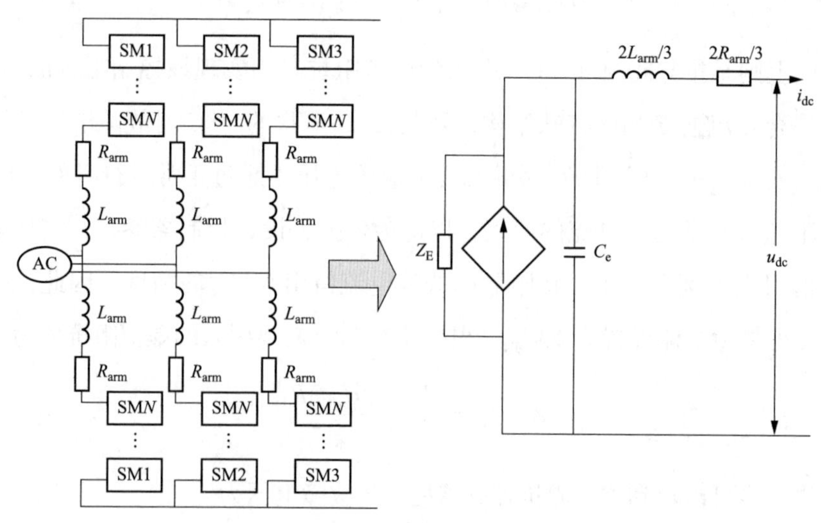

图 7-27 MMC 换流站的 AVM 模型

MMC 逆变器引入的虚拟阻抗的控制框图如 7-28 所示，计算 ECCE 的输出阻抗必须计及 MMC 换流站的交流侧电气系统结构以及 MMC 内部的控制结构。其中 MMC 采用双环控制，包括功率或直流电压控制外环和电流控制内环，之后经过 PWM 调制得到 MMC 换流站交流出口的三相电压值。其中 L_T 和 R_T 分别是交流侧等效电感和电阻，其中 L_{arm} 和 R_{arm} 分别为桥臂电感和桥臂电阻，R_t 和 L_t 分别为变压器的电阻和漏抗。L_g 为交流系统的阻抗，u_g，u_s，u_c 分别为交流系统、公共连接点（public connecting coupling，PCC）点以及 MMC 换流站交流侧出口的交流三相电压。i_s 为交流系统的电流，i_{ref} 为控制系统的内环电流控制器电流参考值，u_{ref} 为控制系统的 PWM 调制的参考

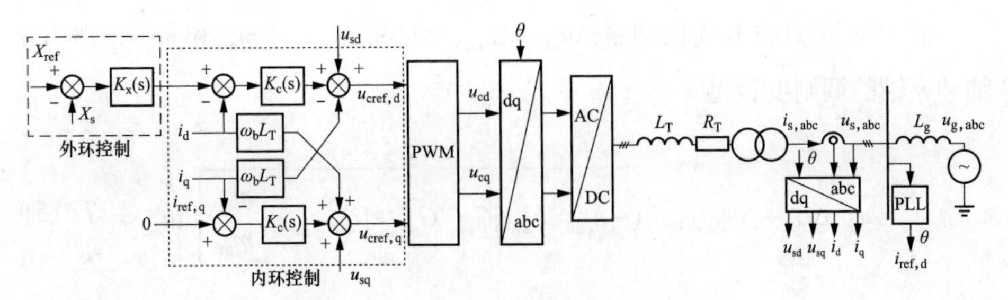

图 7-28　MMC 逆变器引入的虚拟阻抗

值，ω_b 是交流侧的基准频率。u_{sd}、u_{sq}、i_d、i_q 为 PCC 点经过幅值守恒的 Park 变换之后得到的 dq 轴下的电压电流值。

由于本报告的重点在于虚拟阻抗的引入，因此针对定功率或者定电压控制方式下的 MMC 阻抗模型的具体推导过程在相关文献中已给出，此处不再赘述，给出最终的阻抗模型。

采用定功率外环控制的 MMC 站，电流控制内环利用外环功率控制输出的 d 轴参考电流 $i_{ref,d}$ 和 q 轴参考电流 $i_{ref,q}$ 通过 dq 耦合控制得到 dq 轴输出电压参考值 $u_{ref,d}$ 和 $u_{ref,q}$。在 dq 坐标系下的内环电流控制的传递函数可以表示为

$$\begin{bmatrix}\Delta u_{cref,d}\\ \Delta u_{cref,q}\end{bmatrix}=\underbrace{\begin{bmatrix}K_c(s) & 0\\ 0 & K_c(s)\end{bmatrix}}_{G_c}\begin{bmatrix}\Delta i_{ref,d}\\ \Delta i_{ref,q}\end{bmatrix}-\underbrace{\begin{bmatrix}K_c(s) & \omega L_T\\ -\omega L_T & K_c(s)\end{bmatrix}}_{G_{LT}}\begin{bmatrix}\Delta i_d\\ \Delta i_q\end{bmatrix}+\begin{bmatrix}\Delta u_{sd}\\ \Delta u_{sq}\end{bmatrix} \tag{7-12}$$

式中　$K_c(s)$——内环电流控制器的 PI 控制器。

PWM 环节的调制可以用一个延时环节表示，即

$$G_{PWM}=\frac{1}{1+1.5T_{sw}s} \tag{7-13}$$

式中　T_{sw}——开关延时，$T_{sw}=1/f_{sw}$，f_{sw} 为开关频率。

电流内环输出的电压参考 $u_{cref,d}$ 和 $u_{cref,q}$ 经过 PWM 调制过程之后可以得到换流器的交流侧的等效输出电压 u_{cd}，u_{cq} 的扰动量为

$$\begin{cases}\begin{bmatrix}\Delta u_{cd}\\ \Delta u_{cq}\end{bmatrix}=-\dfrac{1}{G_{uA}}G_{iA}\begin{bmatrix}\Delta i_d\\ \Delta i_q\end{bmatrix}\\ G_{uA}=G_c^{-1}G_{PWM}^{-1}-E+K_p(s)G_{i0}\\ G_{iA}=G_c^{-1}(G_{LT}-Z_T)+K_p(s)(G_{u0}+G_{i0}Z_T)\end{cases} \tag{7-14}$$

消去交流侧的电气扰动量 Δu_{cd}、Δu_{cq}、Δi_d 和 Δi_q，且 m_{d0} 和 m_{q0} 分别为 d 轴和 q 轴的调制度，得

$$u_{dc0}\Delta i_{dc}+\Delta u_{dc}i_{dc0}=\overbrace{(-[u_{cd0}\ \ u_{cq0}]G_{iA}{}^{-1}G_{uA}+[i_{d0}\ \ i_{q0}])\begin{bmatrix}m_{d0}\\ m_{q0}\end{bmatrix}}^{G_A}\Delta u_{dc} \tag{7-15}$$

$$\begin{cases}m_{d0}=u_{cd0}/u_{dc0}\\ m_{q0}=u_{cq0}/u_{dc0}\end{cases} \tag{7-16}$$

就可以计算得到定功率控制下，MMC 换流站的 AVM 模型中 ECCS 的直流侧的等效输出阻抗 Z_{Ep} 表达式，为

$$Z_{Ep}=-\frac{\Delta u_{dc}}{\Delta i_{dc}}=\frac{u_{dc0}}{i_{dc0}-G_A} \tag{7-17}$$

由于 ECCS 的输出阻抗 Z_{Ep} 需要与电容并联之后才能进一步变为 MMC 换流站的输出阻抗 $Z_{P,\ dc}$，有

$$Z_P=\frac{Z_{Ep}}{Z_{Ep}+sC_{eq}Z_{Ep}}+\frac{2R_{arm}}{3}+\frac{2L_{arm}}{3} \tag{7-18}$$

同理，定直流电压站的输出阻抗为

$$Z_{Ev}=-\frac{\Delta u_{dc}}{\Delta i_{dc}}=\frac{u_{dc0}}{i_{dc0}-G_B} \tag{7-19}$$

$$Z_V=\frac{Z_{Ev}}{Z_{Ev}+sC_{eq}Z_{Ev}}+\frac{2R_{arm}}{3}+\frac{2L_{arm}}{3} \tag{7-20}$$

式（7-19）中的 G_B 表示为

$$G_B=-[u_{cd0}\ \ u_{cq0}]G_c(G_{LT}-Z_T)^{-1}G_{uB}+[i_{d0}\ \ i_{q0}]\begin{bmatrix}m_{d0}\\ m_{q0}\end{bmatrix} \tag{7-21}$$

VSC 直流电流与直流电压通过内环控制建立联系，因此考虑在内环控制中引入虚拟阻抗 Z_{v_vsc}，如图 7-29 所示。

因此，式（7-14）可以改写为

$$\begin{bmatrix}\Delta u_{cd}\\ \Delta u_{cq}\end{bmatrix}=-\frac{G_{iA}}{G_{uA}}\begin{bmatrix}\Delta i_d\\ \Delta i_q\end{bmatrix}-G_{PWM}\begin{bmatrix}\Delta i_{dc}\\ \Delta i_{dc}\end{bmatrix} \tag{7-22}$$

进一步将式（7-18）与式（7-19）改写，可以得到

$$Z'_{\mathrm{E}}=-\frac{\Delta u_{\mathrm{dc}}}{\Delta i_{\mathrm{dc}}}=\frac{[u_{\mathrm{dc0}}+K_{\mathrm{PWM}}(i_{\mathrm{d0}}+i_{\mathrm{q0}})]}{i_{\mathrm{dc0}}-G_x}=Z_{\mathrm{E}}+Z_{\mathrm{v\_vsc}} \tag{7-23}$$

式中　G_x——在定功率控制下为 G_{A}，而在定直流电压控制下为 G_{B}。

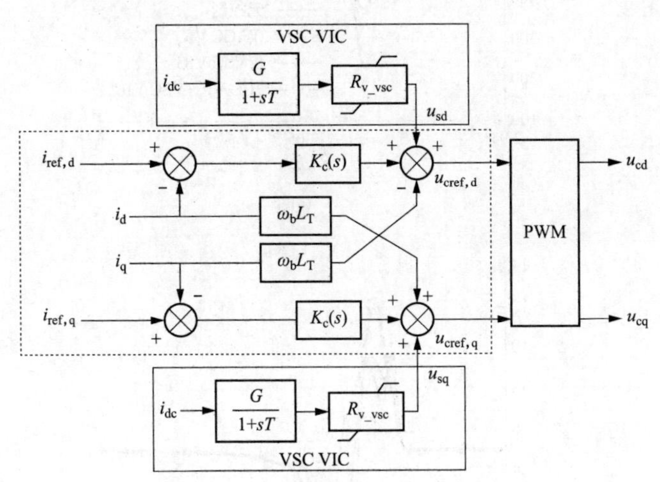

图 7-29　VSC 逆变器引入的虚拟阻抗

最后，从式（7-23）可以看出，控制器投入后，系统的等效阻抗在现有模型的基础上增加了，在相同的高频率段，系统的高频阻抗增加了，增加的量即为虚拟阻抗值，该值为

$$Z_{\mathrm{v\_vsc}}=\frac{K_{\mathrm{PWM}}(i_{\mathrm{d0}}+i_{\mathrm{q0}})}{(i_{\mathrm{dc0}}-G_x)} \tag{7-24}$$

7.3.3　仿真验证

为了验证所设计的虚拟阻抗控制器的控制效果，在 LCC 逆变侧交流母线设置单相短路接地故障，故障持续时间为 0.01s，在 LCC 侧与 VSC 侧分别投入控制器及同时投入控制，与不施加控制器，进行仿真分析，结果如图 7-30 所示。

可以看出，所涉及的控制器在直流故障电压的提升与直流电流的抑制方面都有很好的效果，其中 LCC 虚拟阻抗限流器将故障电流从 12.6kA 降低至

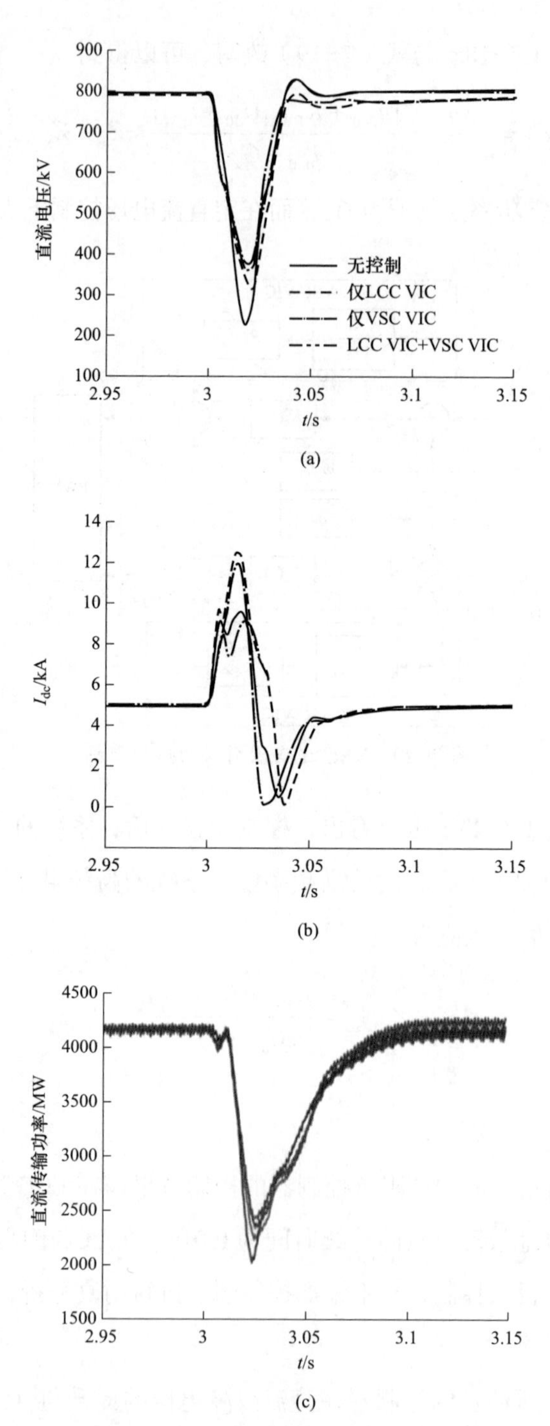

图 7-30　不同控制情况下混合直流系统变化情况

（a）系统直流电压；（b）系统直流电流；（c）系统直流功率

9.82kA，其和 VSC 虚拟阻抗限流器配合进一步将故障电流抑制至 9.12kA，VSC 不会闭锁，并有效提升了故障期间的直流电压和直流功率。

进一步分析控制器对 MMC 的控制效果，得到 MMC 的电流电压如图 7-31 所示，故障期间，若无控制，流经 MMC 的故障电流超过正常运行时的两倍，考虑保护控制的动作，MMC 会闭锁，传输功率中断。加入在所提的控制器后，MMC 的故障电流有效降低，并限制在正常运行的 2 倍以内，MMC 不会闭锁，功率能正常传输。保证了混合直流在逆变侧交流母线故障时能有效穿越。

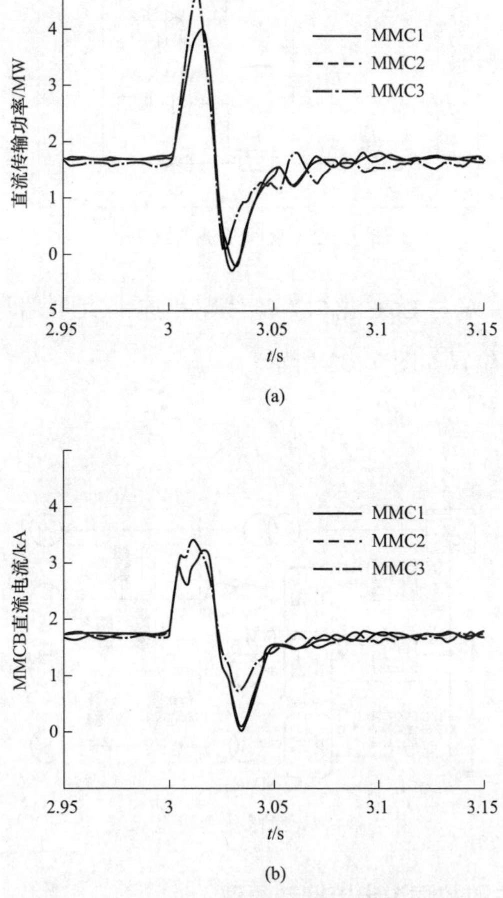

图 7-31　不同控制情况下 VSC 侧直流电流
（a）无控制；（b）有控制

7.4 基于故障限流器的故障电流限制方法

故障限流器拓扑如图 7-32 所示，其中，V1～V4 为晶闸管阀组，VD2～VD4 为二极管阀组，R_1～R_3 为限流电阻，C 为带有初始电压 U_c 的电容，U_c 正方向如图 7-32 所示，S1 为普通断路器。

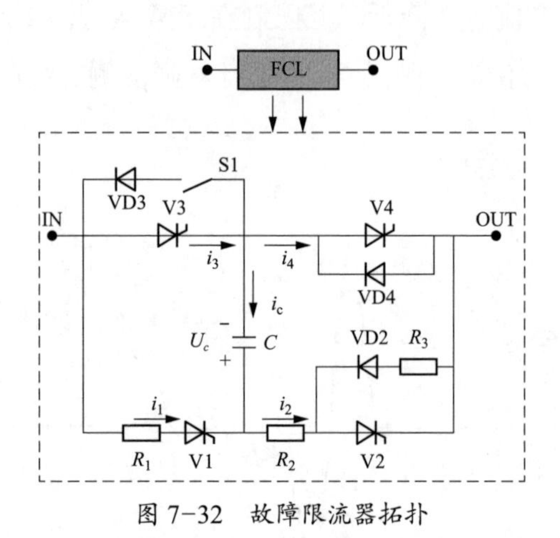

图 7-32　故障限流器拓扑

故障限流器 IN 端与 LCC 出口直流线路相连，OUT 端与 MMC 直流入口线路相连接，安装位置如图 7-33 所示。

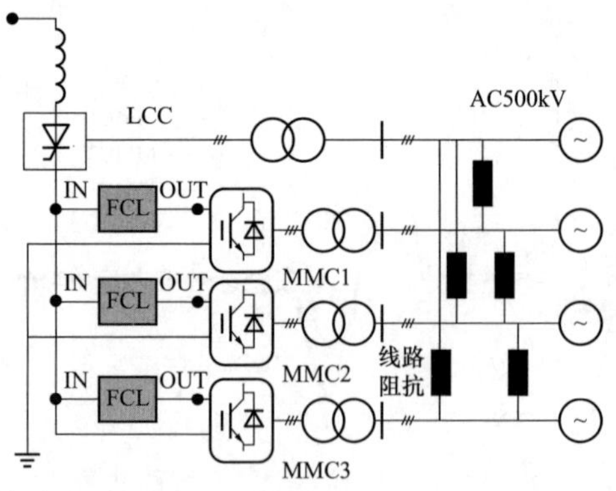

图 7-33　故障限流器安装位置

7.4.1 LCC 换相失败故障过电流抑制原理

故障限流器限流过程如图 7-34 所示。

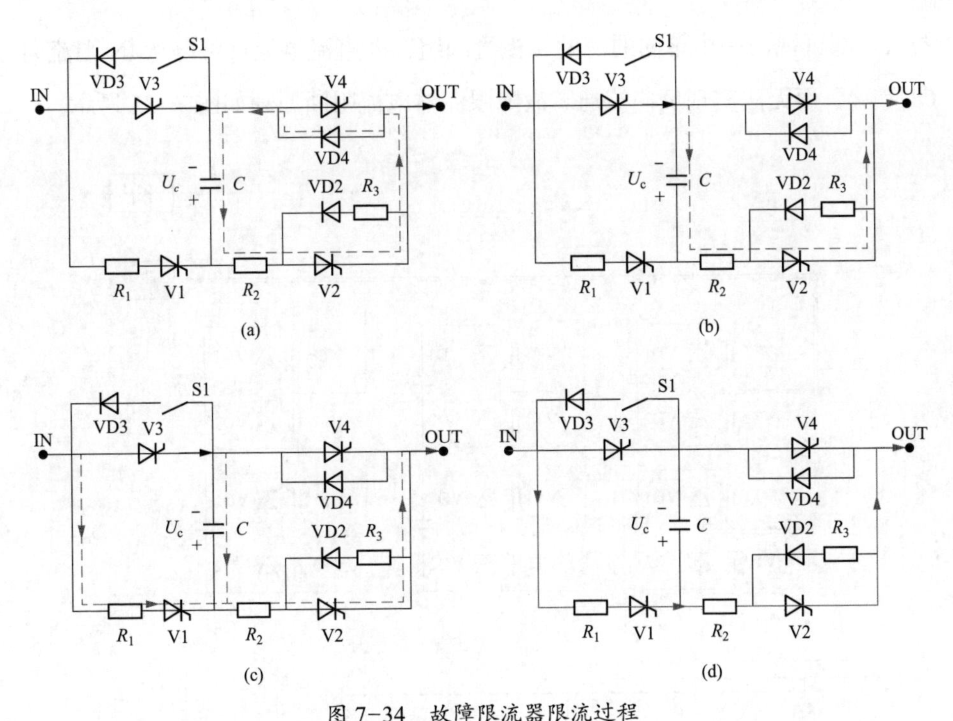

图 7-34　故障限流器限流过程

（a）电容放电阶段；（b）电容反向充电阶段；（c）V1 开通阶段；（d）限流阶段

当逆变侧高端 LCC 发生换相失败时，MMC 直流线路电流 i_{dc} 瞬时增大，为避免子模块闭锁，控制系统在 i_{dc} 上升到两倍额定电流之前，给 V1、V2 施加触发信号，由于 V2 一直承受大小为 U_c 的正向电压，故 V2 立即导通，电容 C 经过 R_2、V2、VD4 构成放电回路迅速放电，使流过 VD4 的电流降低至 0，如图 7-34（a）所示。此后 i_{dc} 通过 V3、C、R_2、V2 构成通路为电容 C 反向充电，当 U_c 变为负值时，V1 因承受正向电压而导通，电容 C 充电阶段如图 7-34（b）和图 7-34（c）所示。电容 C 充电完成后，电容 C 所在支路相当于开路，i_{dc} 也完成从 V3 支路换流到 R_1、V1、R_2、V2 支路，R_1 为一阻值较大的限流电阻，以抑制直流故障电流，至此限流过程完成，如图 7-34（d）所示。

7.4.2　MMC 直流单极接地故障过电流阻断原理

由图 7-32 所示的故障限流器拓扑可知，除启动过程外，整个故障限流器从外部可视为一个单向通流的二极管阀组，即直流电流仅可以从 IN 端流向 OUT 端，而无法实现反向流通。故障限流器电流阻断原理如图 7-35 所示。

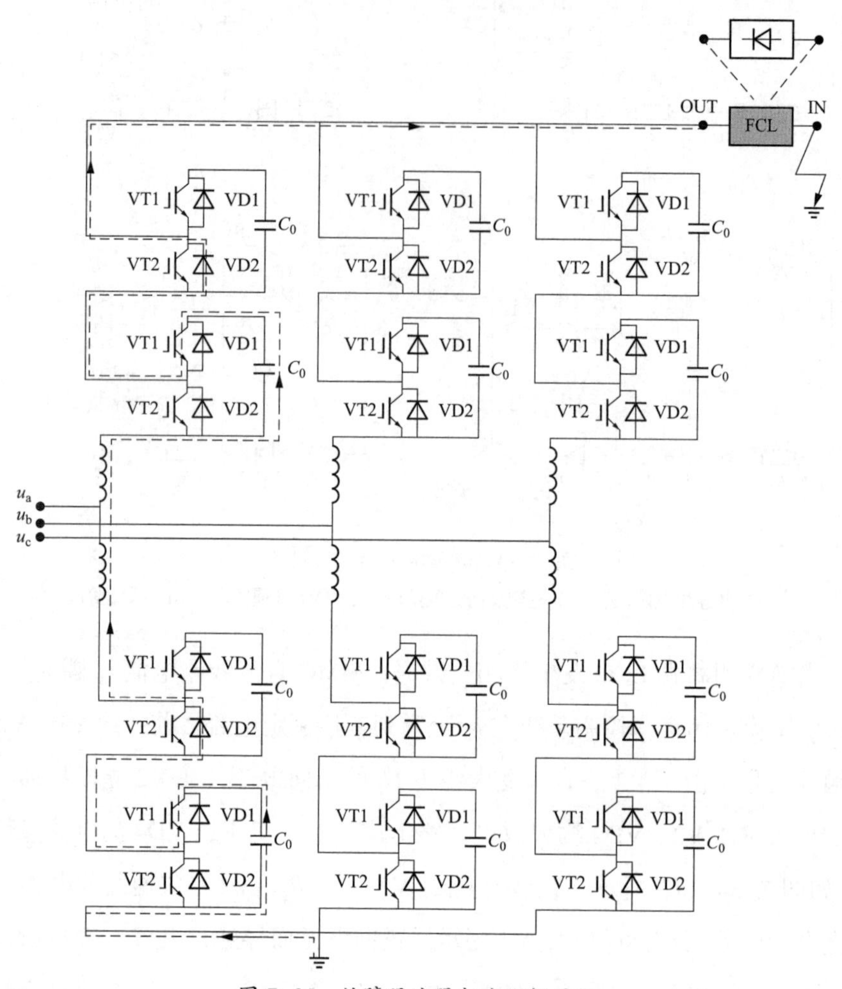

图 7-35　故障限流器电流阻断原理

当发生 MMC 直流单极接地故障时，由于所设计 FCL 的存在，子模块电容无法形成放电回路，MMC 不会向故障点馈入故障电流，有效保护了 IGBT 阀组，此时混合级联直流输电系统可以通过合闸 MMCB 并联的旁路开关，将 MMCB 旁路，通过整流侧阀组的在线退出，进入单极 1/2 运行状态，维持一定的功率传输。

7.4.3　仿真验证

不加故障限流器情况下，设置逆变侧 LCC 交流母线 3s 时发生三相直接接地故障，故障持续时间 1 周波，截取 2.9～3.2s 时间段内各 MMCB 直流电流、直流电压，定有功功率站 MMC a 相桥臂电流和定直流电压站 MMC a 相桥臂电流波形，如图 7-36 所示。

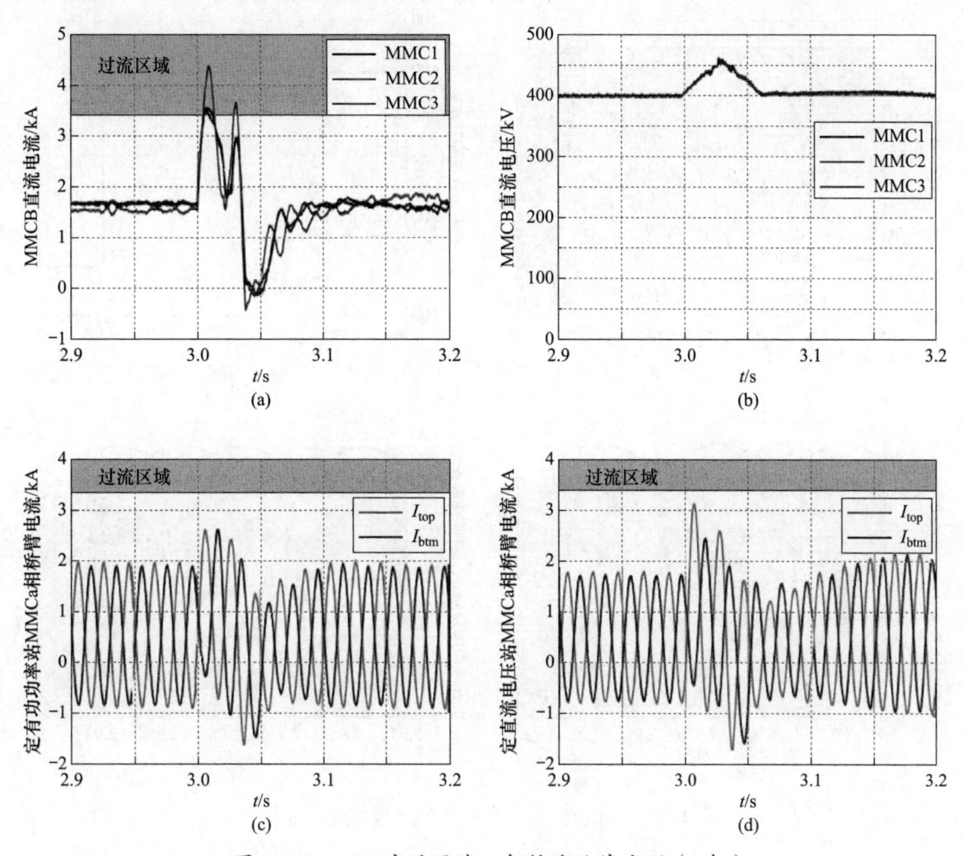

图 7-36　LCC 交流母线三相接地故障波形（a 相）

图 7-36 中，深色区域为两倍 MMC 额定直流电流以上的过流区域，由图 7-36（a）可知，逆变侧 LCC 换相失败故障会使 MMC 直流电流迅速超过两倍额定电流，实际工程中 MMC 阀组将在保护控制作用下闭锁，功率传输发生中断。由图 7-36（b）可知，逆变侧 LCC 交流母线发生三相故障时，MMCB 直流电压升高幅度更大，但未超过 1.5 倍过压。由图 7-36（c）、（d）

可知，MMC 直流线路达两倍额定电流时，桥臂电流均未过流。

不加故障限流器情况下，设置 MMCB 直流线路 3s 时发生直流单极接地故障，截取故障后 10ms 时间 MMCB 直流电流、直流电压，定有功功率站 MMC a 相桥臂电流和定直流电压站 MMC a 相桥臂电流波形，如图 7-37 所示。

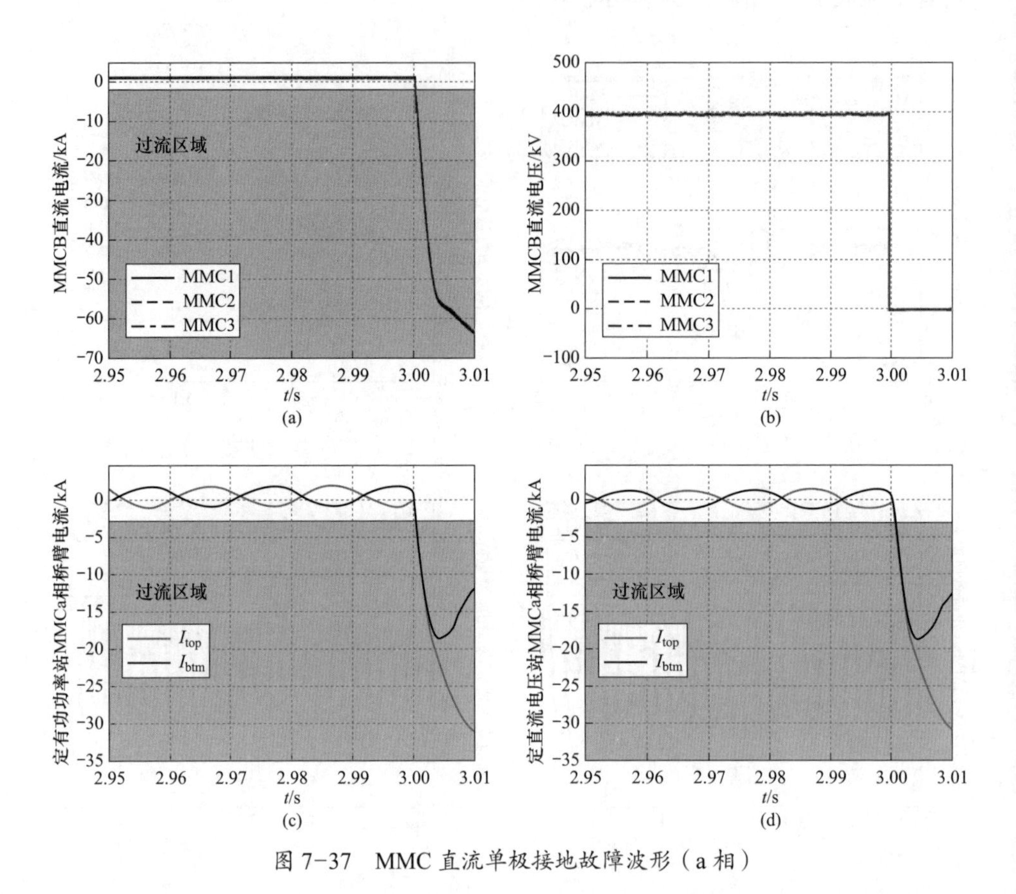

图 7-37　MMC 直流单极接地故障波形（a 相）

由图 7-37（a）、（c）和（d）可知，MMCB 发生直流单极接地故障后，直流故障电流上升速度极快，单个 MMC 直流故障电流达 64kA，MMC 桥臂电流峰值达 32kA，严重超过两倍过流裕度，对 MMC 阀组控制保护系统提出极高的要求。MMC 直流电压瞬间跌至 0，如图 7-37（b）所示，MMC 直流功率传输中断。

加入故障限流器后，设置逆变侧 LCC 交流母线 3s 时发生三相直接接地故障，故障持续时间 1 周波，其余仿真参数相同，MMCB 直流电流和电压波形如图 7-38（a）、（b）所示，FCL 各支路电流波形如图 7-38（c）所示。

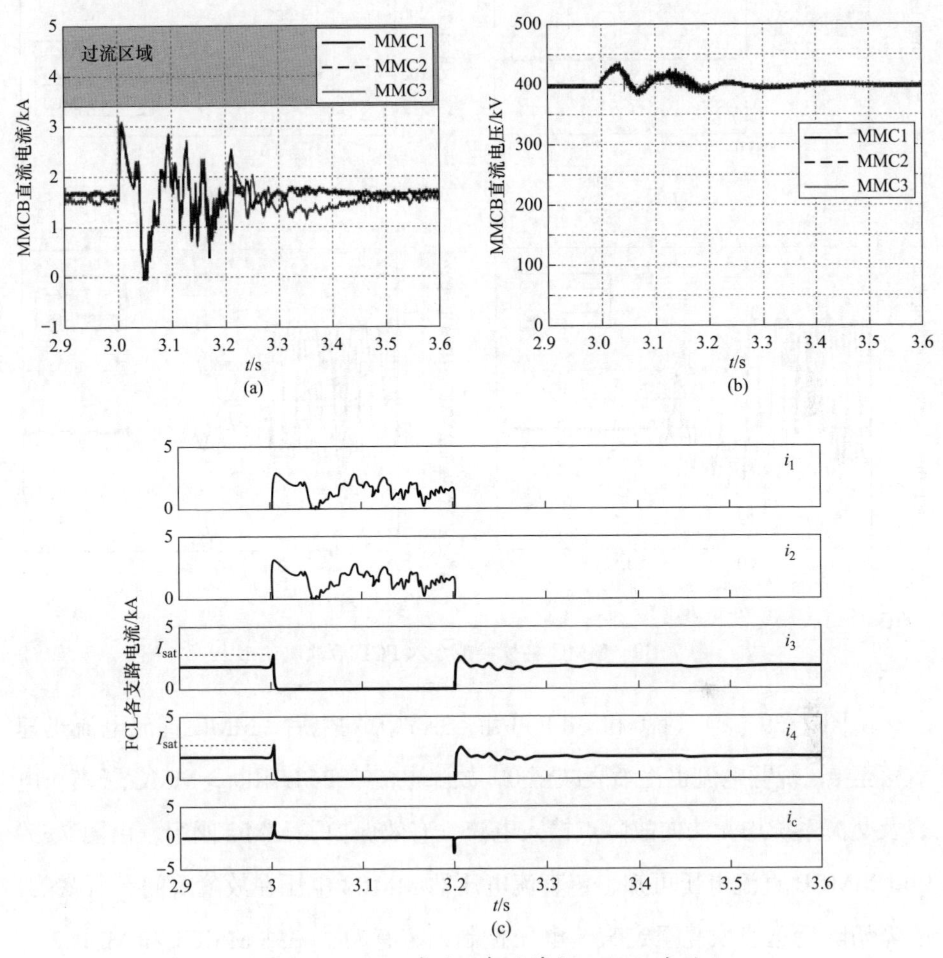

图 7-38　LCC 交流三相故障加入 FCL 波形

由图 7-38（a）和（b）可知，逆变侧 LCC 交流系统三相短路情况下，MMCB 过电流抑制到两倍额定电流以下，且 MMCB 电压未出现严重过电压。

加入故障限流器后，设置 MMCB 直流线路 3s 时发生单极直接接地故障，加入 FCL 后相关波形如图 7-39 所示。

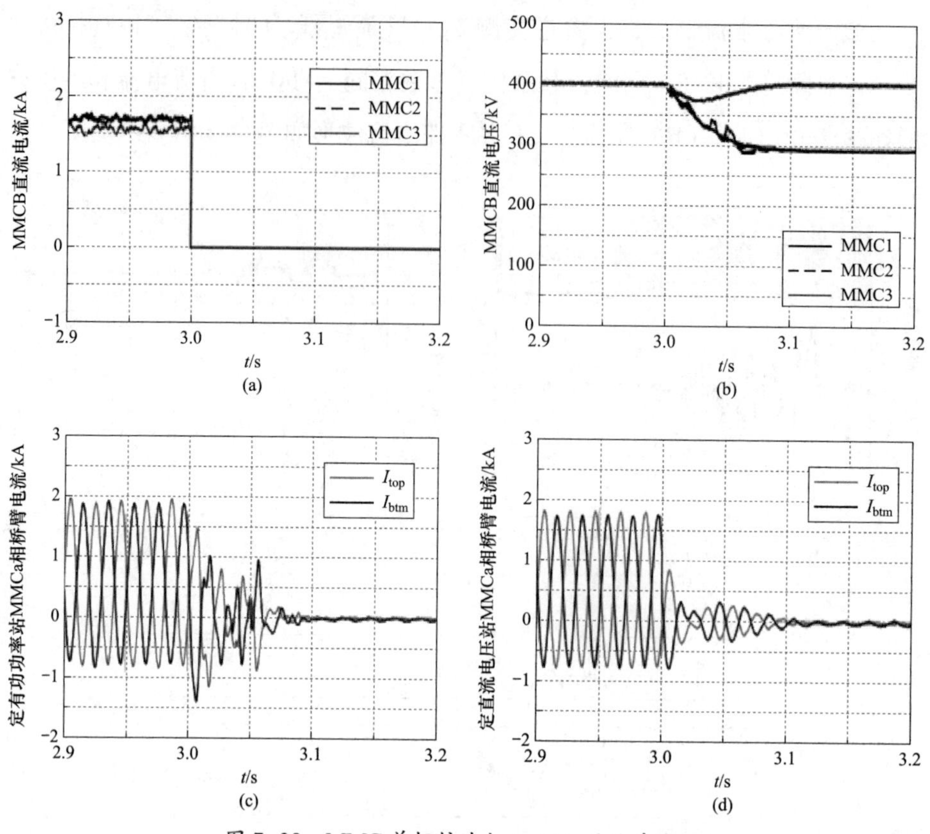

图 7-39　MMC 单极接地加入 FCL 后故障波形

由图 7-39（a）、（c）和（d）可知，3s 故障发生后，MMC 直流电流迅速跌落至 0，桥臂电流也逐渐衰减至 0，故障电流被 FCL 阻断，MMC 子模块电容及交流系统均无法向故障点馈入电流，有效保护了 MMC 阀组。由图 7-39（b）MMCB 直流电压可知，定直流电压站 MMC3 电压在故障瞬间有所跌落，故障切除后迅速恢复至定直流电压控制，定有功功率站 MMC1 和 MMC2 电压跌落至 300kV 附近，MMC 子模块电容仍具备一定储能，有助于多落点级联混合直流输电系统快速恢复正常运行。

7.5　本　章　小　结

根据本章内容分析，可以得出如下结论。

（1）可控避雷器可以有效抑制交流故障引起的 VSC 电压升高，保护 VSC

阀组，其中对定直流电压站 VSC 的帮助最大，但对定有功功率 VSC 交流故障情况下的阀侧电流和直流电流提升较小，且无法防止其进入整流状态运行。

（2）串联二极管可与避雷器配合使用，一方面防止故障 VSC 出现功率倒流，另一方面可有效抑制阀侧故障以及 VSC 直流侧旁通引起的暂态电流。

（3）LCC 和 VSC 均可引入虚拟阻抗控制器，在不附加外设备情况下，能有效地降低换相失败期间骤升的直流电流，均可起到有效抑制故障电流的效果。

（4）VSC 直流入口增加故障限流器，一方面可抑制 LCC 换相失败可能造成的直流过电流，另一方面在 VSC 直流单极接地故障情况下起到阻断故障回路的作用。

第8章 多落点级联混合直流协调控制策略

本章内容主要对适合多落点级联混合直流系统的控制及运行方式展开了分析，提出了适合于级联混合直流的协调控制策略。

8.1 级联混合直流定有功协调控制方式

8.1.1 原理分析

级联混合直流输电系统逆变侧输送功率 P_{dci} 由逆变侧 LCC 和 MMC 组的输出功率之和组成，在忽略换流器损耗的情况下，有功率平衡式，即

$$P_{dci} = P_{LCC} + P_{MMC1} + P_{MMC2} + P_{MMC3} \tag{8-1}$$

式中 P_{dci}——逆变侧输送功率；

P_{MMCn}——分别为 3 个 MMC 的输出功率，n=1，2，3。

有必要在定直流电压控制 MMC 和定有功功率控制 MMC 间设计协调控制策略。由式（8-1）可知，在故障期间及故障清除后恢复期间，设置两个定有功功率控制下 MMC2 和 MMC3 的有功指令值为

$$P'_{ref} = P_{MMC2} = P_{MMC3} = 0.5 \times (P_{dci} - P_{LCC} - P_{MMC1}) \tag{8-2}$$

需要说明的是，在计算定有功功率控制 MMC 的功率指令值 P'_{ref} 时，令式（8-2）中 P_{MMC1} 等于 MMC1 稳态运行时的功率传输值 P_{sMMC1}，则 P'_{ref} 相当于只根据 P_{dci} 和 P_{LCC} 的变化进行动态调整，MMC 并联组的功率变化由定有功功率控制 MMC 来承担，约束了 P_{MMC1} 的波动，使其可以最大限度的接近稳态运行值，不会出现功率反送现象。因此在故障期间，该协调控制策略可避免定直流电压站由逆变改为整流，防止受端交流侧功率大范围转移现象出现，提升受端系统稳定性，同时在故障清除后，有利于系统快速平稳地恢复至稳态运行。

所提协调控制策略的控制框图如图 8-1 所示，P'_{ref} 根据式（8-2）由系统实时测量的 P_{dci}、P_{LCC} 以及 MMC 稳态运行时的功率传输值 P_{sMMC1} 计算得到，

为避免超出换流器容量，需要考虑一定限幅值，关于动态限幅的内容将在下面详述，该处限幅可以固定，如取 −1000～0MW，考虑到 MMC 的调节十分迅速，为提高系统稳定性，控制中加入斜率限制器。系统正常运行时 Ctrl=0，MMC2 和 MMC3 的有功功率指令值为 P_{ref}，正常时设为 P_{ref}=−670MW，系统判定发生故障后，经 2ms 故障检测时间，切换 Ctrl=1，MMC2 和 MMC3 的有功功率指令值切换为实时计算出来的 P'_{ref}。故障清除后系统恢复期间仍保持 Ctrl=1，待系统平稳恢复至稳态运行后，再切换 Ctrl=0（由于故障判定不是报告研究重点，仿真中通过故障后的延时环节实现）。

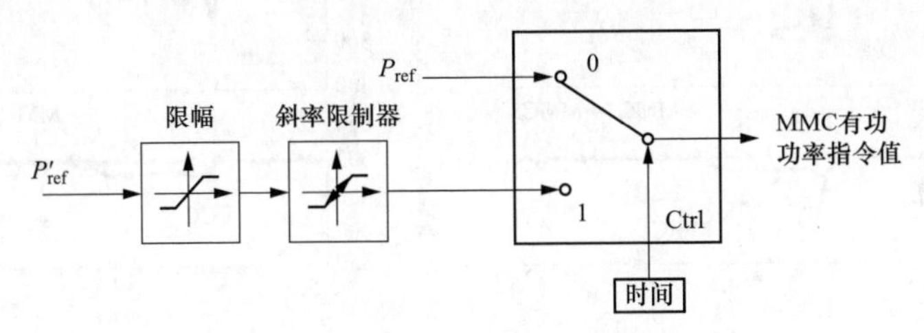

图 8-1　定有功 MMC 协调控制策略

8.1.2　仿真验证

下面通过 PSCAD/EMTDC 软件进行仿真验证，在整流侧和逆变侧分别发生单相接地故障、三相接地故障以及单相瞬时性接地故障时对所提协调控制策略的改善效果进行研究，同时还包括架空线路上极易发生的直流接地故障。

1. 整流侧故障仿真分析

在整流侧交流母线设置单相接地故障，故障从 4s 开始，持续 0.5s，送端交流母线电压录波如图 8-2 所示。

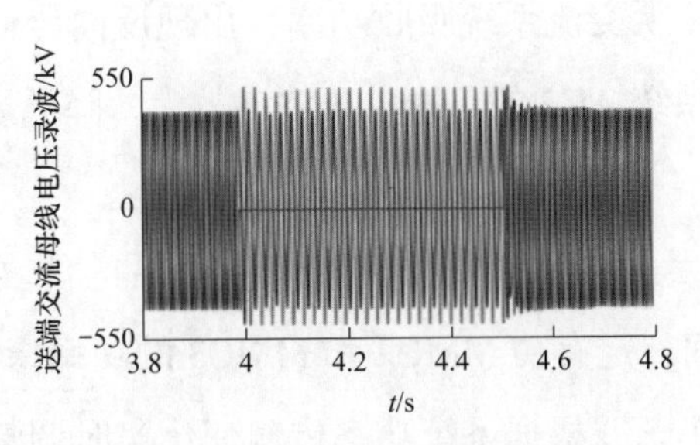

图 8-2　送端交流母线电压录波

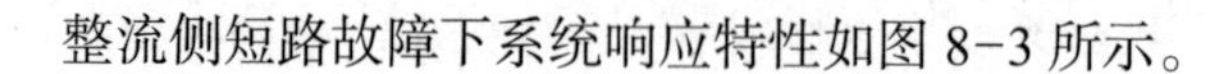

整流侧短路故障下系统响应特性如图 8-3 所示。

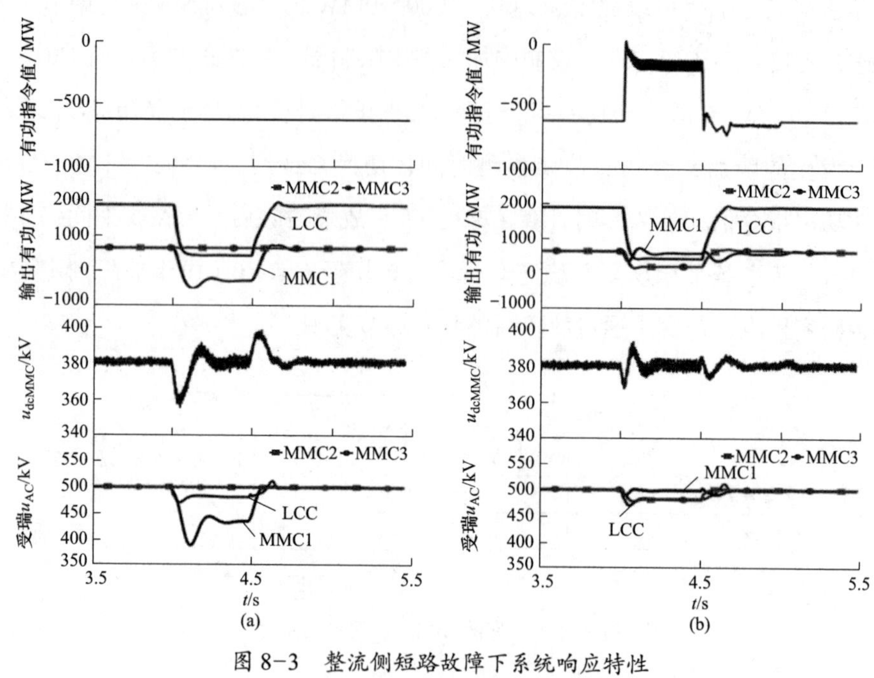

图 8-3　整流侧短路故障下系统响应特性

（a）无协调控制；（b）有协调控制

未采取协调控制策略时，仿真波形如图 8-3（a）所示。4s 时，故障发生，送端交流母线电压跌落，线路直流电压跌落至 420kV，由于低压限流，直流电流也减小，线路传输有功功率跌落。逆变侧 LCC 传输功率减小，定直流电压 MMC 由于送端传输功率减小，两端功率不平衡，导致直流电压降低，产生波动。而定有功 MMC 功率指令值一直保持为额定值 −670MW，其直流电流产生波动，功率缺额需由定直流电压 MMC 传输，因此 MMC1 由逆变状态切换至整流状态，从交流系统吸收功率，出现反向传输功率现象，造成与 MMC1 连接的交流系统 AC2 的母线电压波动较大，降低了受端交流系统的稳定性。

图 8-3（b）所示为采取所提协调控制策略后的仿真波形。故障发生经 2ms 的故障检测时间，定有功 MMC2 和 MMC3 的功率指令值切换为 P'_{ref}，输出有功功率迅速减小，并根据系统功率传输变化实时调整，大大约束了定直

流电压 MMC1 的功率波动，使其输出有功功率接近于额定运行值。由仿真图可看到，MMC 直流电压波动较小，并且有效地缓解了 MMC 并联组电流分配不平衡现象，抑制了 MMC1 直流电流的波动，不会出现功率返送现象。

MMC1 受端系统的电压、功率波动情况对比见表 8-1。可以看到，无协调控制时 MMC1 功率波动 ΔP_1 为 180.9%，而有协调控制时 ΔP_1 为 32.3%，功率波动减小了 151.6%。同时，与 MMC1 连接的交流系统 AC2 的交流母线电压波动大大减小，电压波动值减小了 19.2%，虽然 MMC2 和 MMC3 所连交流系统的电压和功率有一定波动，但波动范围较小，所以受端交流系统的稳定性得以提高。在故障清除后，系统也可快速平稳地恢复至稳态运行。

表 8-1　　MMC1 受端系统的电压、功率波动情况对比

MMC1	ΔU_{AC2}	ΔP_1
有协调控制	22.4%	183.9%
无协调控制	3.2%	32.3%

2. 逆变侧故障仿真分析

在逆变侧 LCC 交流母线设置单相接地故障，逆变侧 LCC 发生换相失败，故障从 4s 开始，持续 0.5s，受端交流母线电压录波如图 8-4 所示。

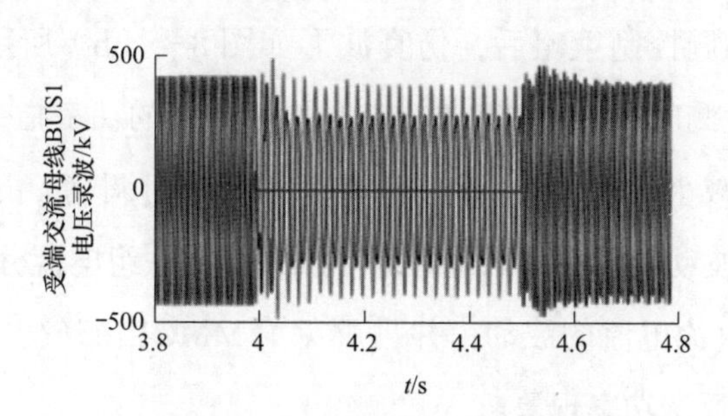

图 8-4　受端交流母线电压录波

逆变侧短路故障下系统响应特性如图 8-5 所示。

未采取协调控制策略的仿真波形如图 8-5（a）所示。由于逆变侧 LCC 换相失败，无法传输功率，定直流电压 MMC1 两端有功不平衡，直流电压上升，产生较大波动。而定有功 MMC2 和 MMC3 的功率指令值一直保持为额

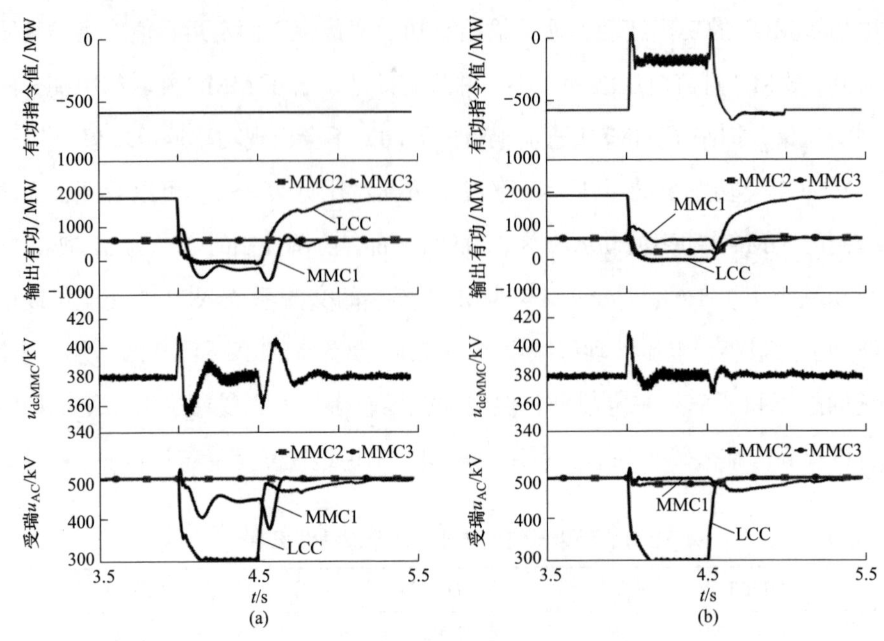

图 8-5　逆变侧短路故障下系统响应特性

（a）无协调控制；（b）有协调控制

定值 -670MW，其功率缺额需由 MMC1 输送，因此 MMC1 需反向传输功率，并且因直流电流不可控而产生反向较大冲击，不利于受端交流系统的稳定。同时因没有较好的故障恢复策略，在故障清除后系统产生了较大波动。

采取所提协调控制策略后，仿真波形如图 8-5（b）所示。故障发生后经 2ms 的故障检测时间，定有功 MMC2 和 MMC3 的功率指令值切换为有功指令值 P'_{ref} 迅速减小，并根据系统功率传输变化实时调整。由仿真波形可知，MMC 直流电压波动较小，有效地缓解了 MMC 并联组电流分配不平衡现象，抑制了 MMC1 直流电流的波动，并且避免了 MMC1 由逆变状态切换为整流状态，不会出现反送功率现象。

MMC1 受端系统的电压、功率波动情况对比见表 8-2，同样可知无协调控制时 MMC1 的功率波动 ΔP_1 为 199.1%，而有协调控制时 ΔP_1 为 32.7%，功率波动减小了 166.4%。同时，与 MMC1 连接的交流系统 AC2 的交流母线电压波动较小，电压波动值减小了 20.5%，提高了受端交流系统的稳定性。在故障清除后，换流器指令协调配合，系统可快速平稳地恢复至稳态运行。

表 8-2　　MMC1 受端系统的电压、功率波动情况对比

MMC1	ΔU_{AC2}	ΔP_1
有协调控制	24.4%	199.1%
无协调控制	3.9%	32.7%

3. 直流故障仿真

直流故障下系统响应特性如图 8-6 所示。

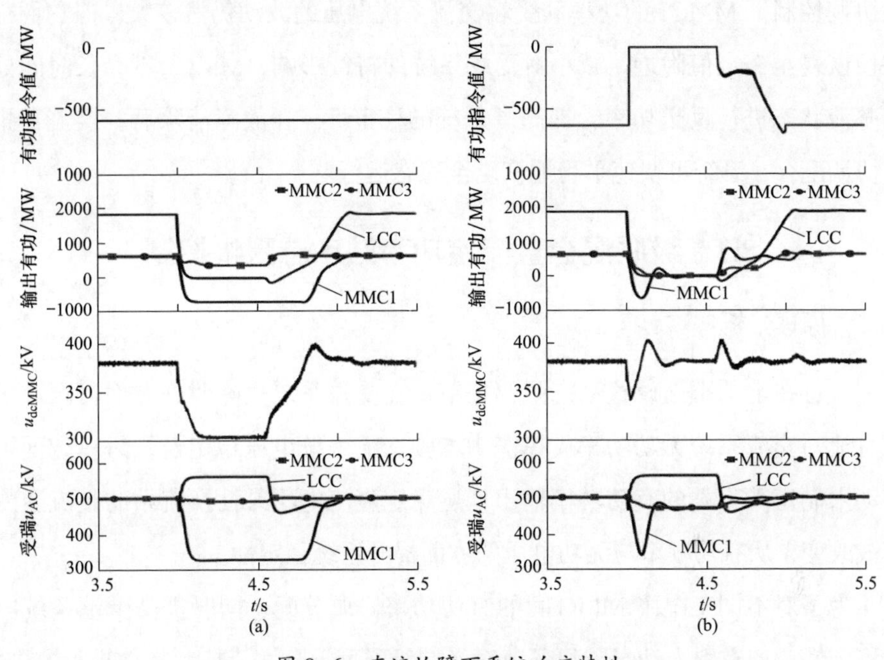

图 8-6　直流故障下系统响应特性

（a）无协调控制；（b）有协调控制

在 4s 时，设置架空线发生直流接地故障，故障持续 0.5s，整流侧 LCC 延迟触发角移相至 150°，故障清除后经 0.2s 线路去游离过程，系统开始故障恢复重启动。无协调控制时的系统直流故障暂态特性如图 8-6（a）所示。由于本系统的逆变侧是由 LCC 和半桥型 MMC 构成，可利用 LCC 的强制移相来清除直流故障，因此具有直流故障穿越能力。故障发生时，直流电压迅速降 0，系统功率传输中断，MMC 直流电压降低至 303kV，并持续到故障清除。MMC2 和 MMC3 的功率指令值保持为额定值 -670MW，其功率缺额只能由

MMC1 输送，因此 MMC1 需由逆变状态切换至整流状态，出现反向传输功率现象，且持续时间较长，降低了受端交流系统的稳定性。

采取所提的协调控制策略后，系统暂态特性如图 8-6（b）所示。故障发生后经 2ms 的故障检测时间，定有功 MMC2 和 MMC3 的有功功率指令值切换为 P'_{ref}，指令值迅速减小，并根据系统功率传输变化实时进行调整。由仿真波形可以看到，MMC 并联组直流电压波动减少，并迅速恢复至额定值。虽然在协调控制下 MMC1 的功率和受端交流系统电压的波动仍然较大，但它们很快便恢复至额定值附近，减小对受端系统的持续影响，MMC1 不会长时间处于整流状态进行反送功率，提高了系统的稳定性。在故障清除后，换流器指令协调配合，系统可快速平稳地恢复至稳态运行。

8.2 级联混合直流定功率站动态限幅控制

8.2.1 原理分析

通过在定功率站设置动态限幅环节，在受端系统故障时一方面可释放柔性直流对交流系统无功功率支撑潜力增强交流系统电压稳定性，另一方面可自动限制定功率站的有功功率输出，避免定直流电压柔性换流站的整流逆变模式改变，从有功频率与无功电压两方面提升系统稳定性。

为了对不同工况下 MMC 间的有功功率协调分配，同时提高受端系统电压稳定性，考虑引入动态限幅环节对受端级联型混合直流控制特性进行改进。一般情况下，MMC 的外环限幅包括有功电流限幅 i_{dlim} 和无功电流限幅 i_{qlim}，并满足式（8-3），即

$$i_{lim} = \sqrt{i_{dlim}^2 + i_{qlim}^2} \tag{8-3}$$

同时根据不同应用场合和系统情况，限幅方式分为 3 种类型，如图 8-7 所示。其中方式Ⅰ表示有功电流限幅优先级等于无功电流限幅优先级；方式Ⅱ表示有功电流限幅的优先级高于无功电流限幅的优先级；方式Ⅲ表示无功电流限幅的优先级高于有功电流限幅。正常情况下 MMC 均采用方式Ⅱ。

为提升系统稳定性，基于 MMC 外环控制特性，可在混合直流低端定功

率站设计动态限幅环节，即

$$i_{\mathrm{q\,lim}}=\begin{cases}i_{\mathrm{lim}}, & i_{\mathrm{lim}}\leqslant i_{\mathrm{q}}\\ -i_{\mathrm{lim}}, & i_{\mathrm{q}}\leqslant -i_{\mathrm{lim}}\end{cases} \tag{8-4}$$

$$i_{\mathrm{d\,lim}}=\begin{cases}\sqrt{i_{\mathrm{lim}}^{2}-i_{\mathrm{q}}^{2}}, & \sqrt{i_{\mathrm{lim}}^{2}-i_{\mathrm{q}}^{2}}<i_{\mathrm{d}}\\ i_{\mathrm{D\,lim}}, & i_{\mathrm{d}}\leqslant i_{\mathrm{D\,lim}}\end{cases} \tag{8-5}$$

式中　i_{Dlim}——需要保证的最小有功功率限幅值。

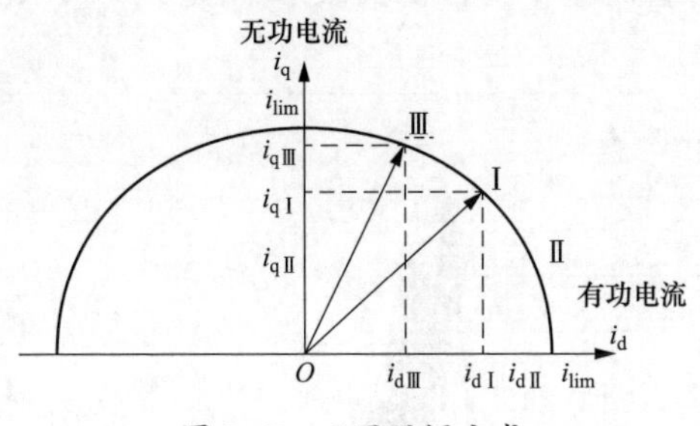

图 8-7　不同限幅方式

动态限幅的机理如图 8-8 所示。当系统处于正常稳定状态时，MMC 运行于 I 点。当电压下降不大时，无功电流增加，系统达到新的稳定运行点 M，但仍在限幅范围内。当电压下降较大时，无功电流将增加到最大值 N，并最终达到一个新的稳态运行点 D。

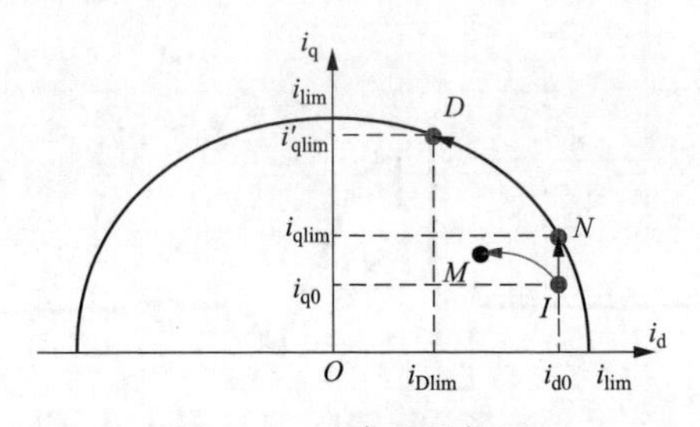

图 8-8　动态限幅机理

可以看到，动态限幅一方面释放了 MMC 对交流系统无功支撑的潜力，另一方面也同时抑制了 MMC 的有功输出。不仅能够提升受端交流系统的电压稳定性，同时也能自动调整级联型混合直流定功率站 MMC 在故障时的功率指令值，避免 MMC 与 LCC 功率指令不匹配而导致定直流电压站改为整流模式。

8.2.2 基本控制特性仿真验证

首先进行基本控制特性验证，当 $t=2.5$s 时，逆变器侧交流系统发生持续时间为 0.08s 单相接地故障。故障前整流侧 LCC 采用定电流控制，逆变侧高端 LCC 采用定熄弧角控制并输送 1900MW 的有功功率；逆变侧低端 MMC 采用主从控制，各 MMC 有功功率为 640MW，其中各 MMC 无功控制采用定交流电压模式，无功限幅为 0.4p.u. 固定值。

受端故障时混合直流基本特性仿真波形如图 8-9 所示。

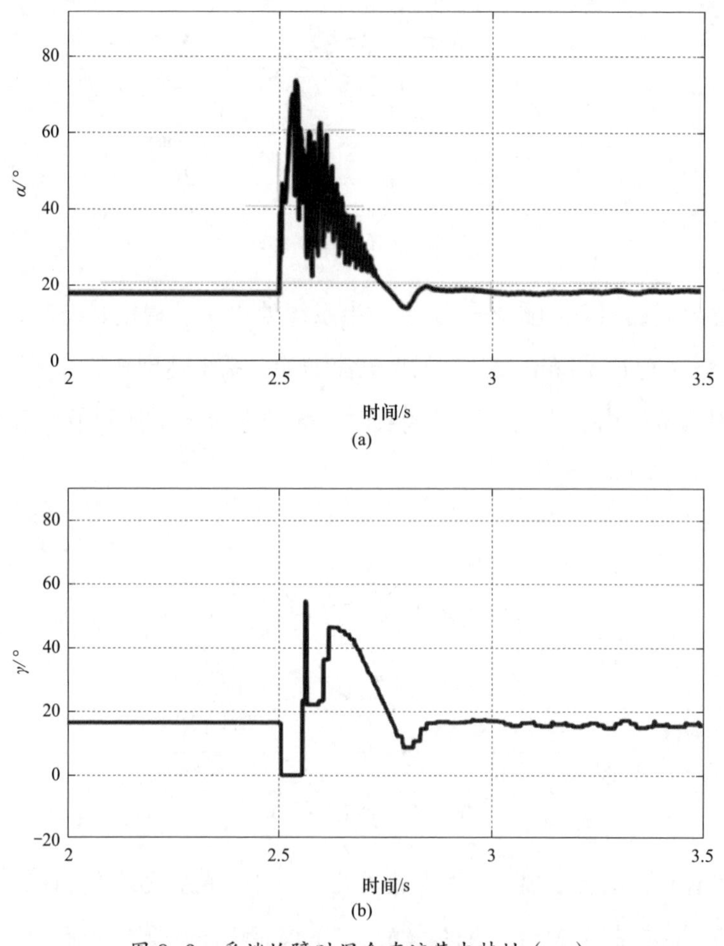

图 8-9 受端故障时混合直流基本特性（一）

（a）整流侧 LCC 触发角；（b）逆变侧 LCC 熄弧角

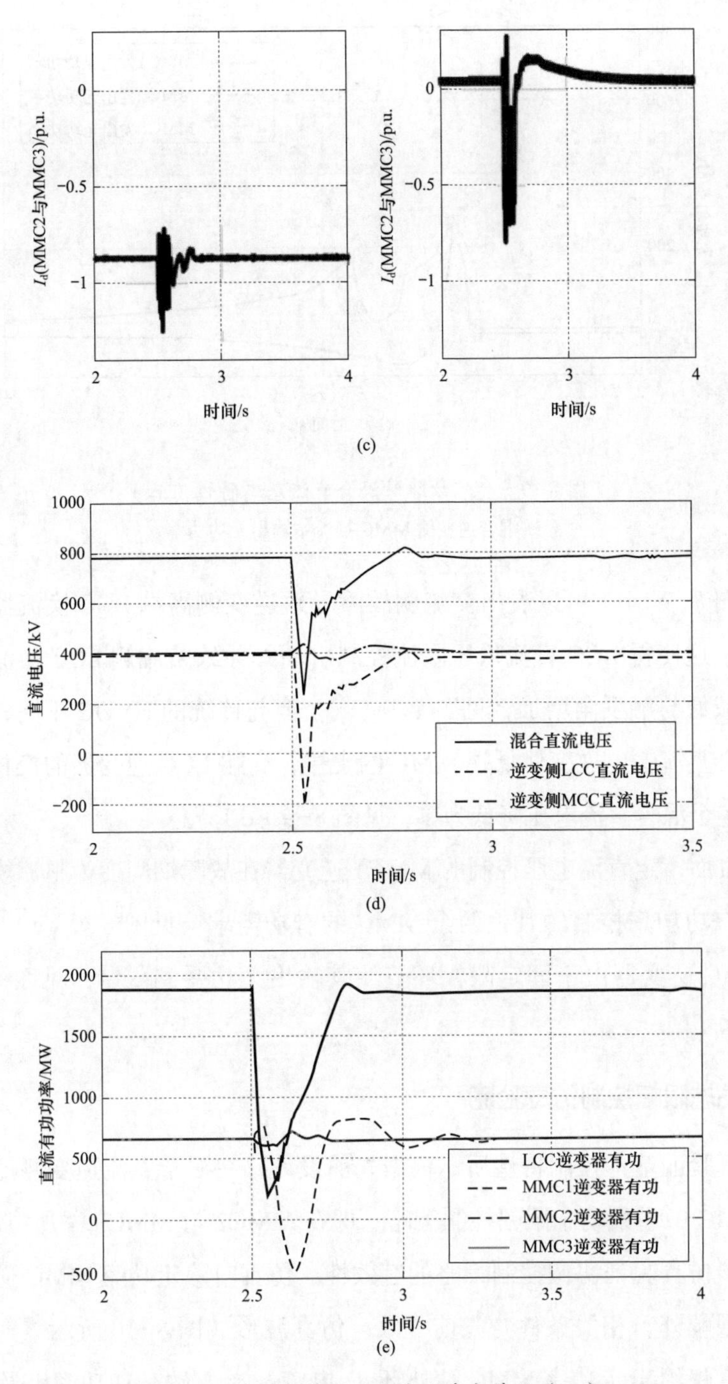

图 8-9　受端故障时混合直流基本特性（二）

（c）逆变侧定功率站 MMC 外环 dq 轴电流及参考值；（d）混合直流电压；

（e）混合逆变侧换流站有功功率

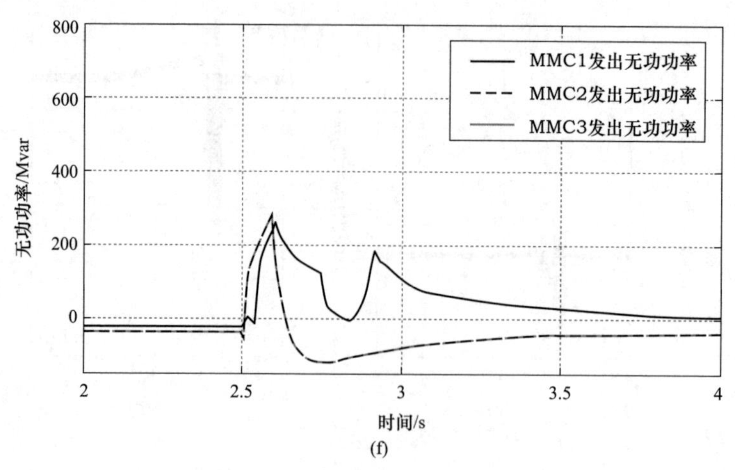

(f)

图 8-9　受端故障时混合直流基本特性（三）

（f）混合逆变侧 MMC 换流站输出无功功率

由图 8-9（b）可以看出交流侧故障导致逆变侧高端 LCC 换流器发生换相失败，这使得 LCC 直流低压限流控制启动并导致整流侧 LCC 换流器的电流指令减低与触发角增加，见图 8-9（a）。但与传统的 HVDC 不同，由于级联型混合直流输电逆变侧低端 MMC 的支撑，高端 LCC 逆变器的换相失败不会导致整个混合直流电压降低为零，见图 8-9（d）。

一方面，定直流电压控制的 MMC1 逆变器在故障期间变为整流模式，以满足定有功功率控制的其他两个 MMC 的有功需求，见图 8-9（e）；另一方面，MMC 逆变器由于固定限幅环节使其输出无功受到限制，见图 8-9（e）和图 8-9（f）。

8.2.3　动态限幅控制仿真验证

仿真验证基本控制特性后，根据先前设计，在混合直流逆变侧低端定功率站 MMC 中增设动态限幅控制策略，即在 MMC2 与 MMC3 添加协调策略，并进一步仿真验证协调控制策略的有效性。仿真时除定功率 MMC 逆变站增设动态限幅外，相关条件与先前一致，仿真波形如图 8-10 所示。为方便比较，仿真仅给出定功率 MMC 站外环 dq 电流、逆变站有功功率以及逆变侧 MMC 无功功率的结果，其余整流侧 α 角、逆变侧 γ 角及直流电压由于变化不大，不再重复给出。

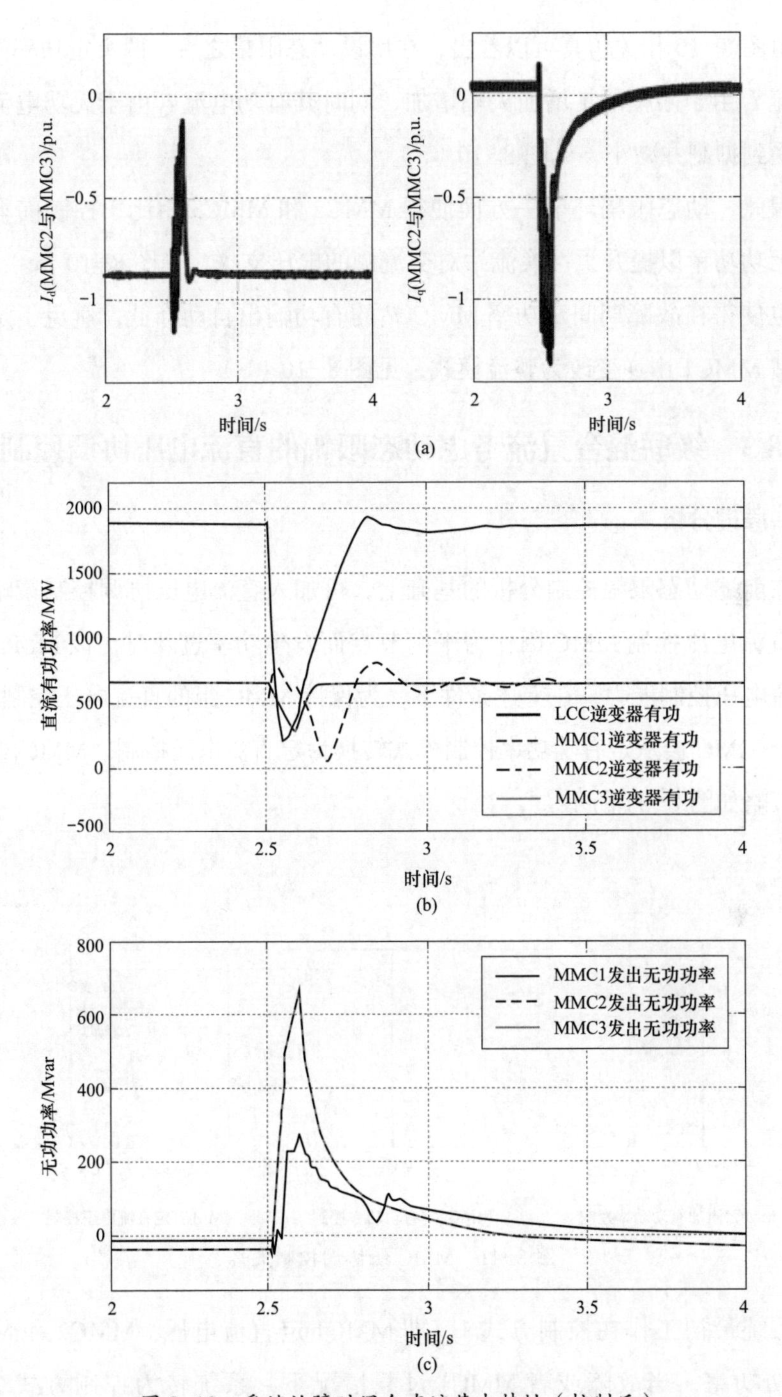

图 8-10　受端故障时混合直流基本特性（控制后）

（a）逆变侧定功率站 MMC 外环 dq 轴电流及参考值（控制后）；（b）混合逆变侧换流站有功功率（控制后）；（c）混合逆变侧 MMC 换流站输出无功功率（控制后）

由图 8-10 相关仿真可以看出，在增设动态限幅之后，两个定功率站的无功电流 i_q 由于限幅的扩增而大幅增加，同时其有功电流 i_d 由于无功电流 i_q 的增大受到抑制并减小，见图 8-10（a）。

因此，动态限幅环节一方面使得 MMC2 和 MMC3 相比于控制前释放了更多无功功率以提升柔性换流站对交流侧的电压支撑，见图 8-10（c）；另一方面也使得在故障期间定功率 MMC 站的有功输出自动降低，避免了定直流电压站 MMC1 由逆变改为整流模式，见图 8-10（b）。

8.3 级联混合直流考虑动态限幅的直流电压协调控制

8.3.1 原理分析

在前述动态限幅控制分析的基础上，可加入直流电压协调控制策略，即当定直流电压控制 MMC 因作为平衡节点而发生功率过载时，该 MMC 易失去直流电压控制能力，在上述条件下，为保持 MMC 组的直流电压控制能力，另一个 MMC 会从定有功功率控制模式转换为定直流电压控制。MMC 组协调控制策略如图 8-11 所示。

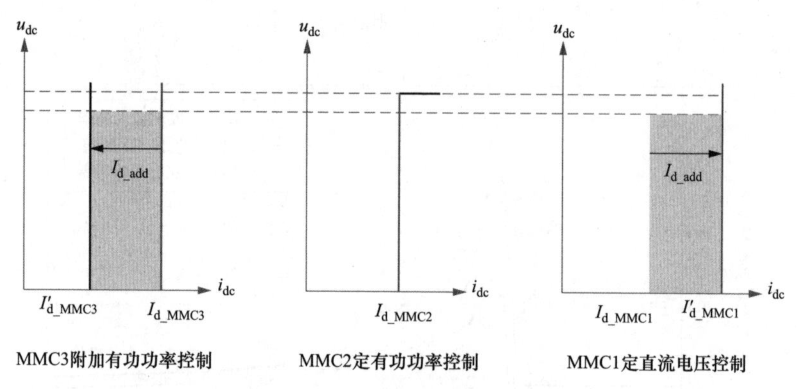

图 8-11　MMC 组协调控制策略

系统最初工作在控制方式 1，即 MMC1 定直流电压，MMC2 和 MMC3 定有功功率，当故障或者 MMC1 过载情况下，系统转为控制方式 2，即 MMC1 由定电压控制转换为定有功功率控制，由 MMC2 承担定系统直流电压的任务，MMC3 仍运行在定有功功率模式，同理，当 MMC2 过载时，由 MMC3 承担定系统直流电压任务。

通过在 MMC3 加入动态限幅控制，混合级联直流的有功和无功功率控制特性均得到了提升，加入动态限幅后的协调控制策略如图 8-12 所示。可以看到，当逆变侧发生接地故障或其他原因导致电压降低时，动态限幅控制使得 MMC3 在定有功功率控制下产生更多的无功功率 Q'_{lim}，MMC3 传输的部分功率可同时转移到其他 MMC 来保证整个 MMC 组的功率传输，同时当 MMC1 过载时，由 MMC2 转变控制方式保证系统直流电压稳定。

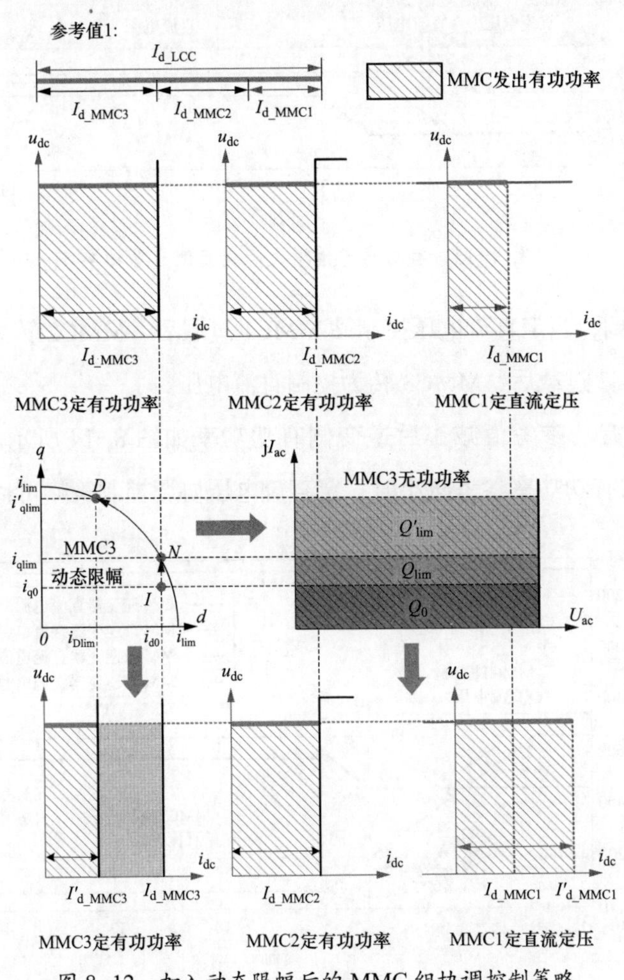

图 8-12　加入动态限幅后的 MMC 组协调控制策略

8.3.2 仿真验证

在 PSCAD/EMTDC 中建立仿真模型，由于动态限幅的仿真在前面已进行分析，在此不再赘述。考虑动态限幅后的定直流电压协调控制仿真波形如图 8-13 所示。

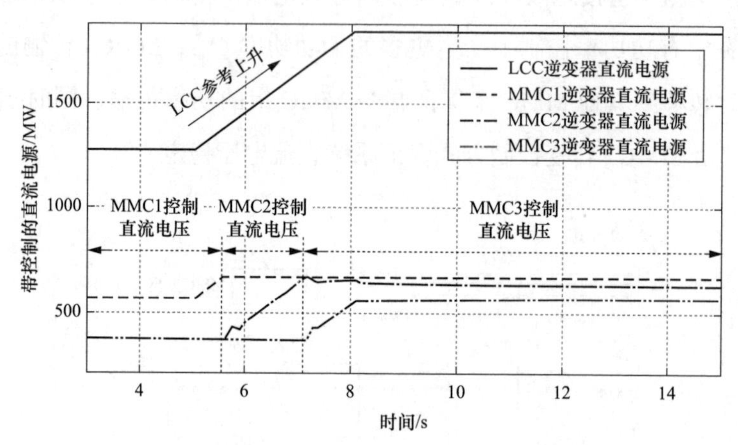

图 8-13　有功参考值增大后逆变侧有功功率

可以看到，当定直流电压控制站 MMC1 过载后，MMC2 转为控制直流电压，当 MMC2 过载后，MMC3 转为控制直流电压。

MMC3 有功参考值减小后逆变侧有功功率如图 8-14 所示。可以看出，当 MMC3 的有功功率参考减小时，定直流电压协调控制策略可以保持直流侧

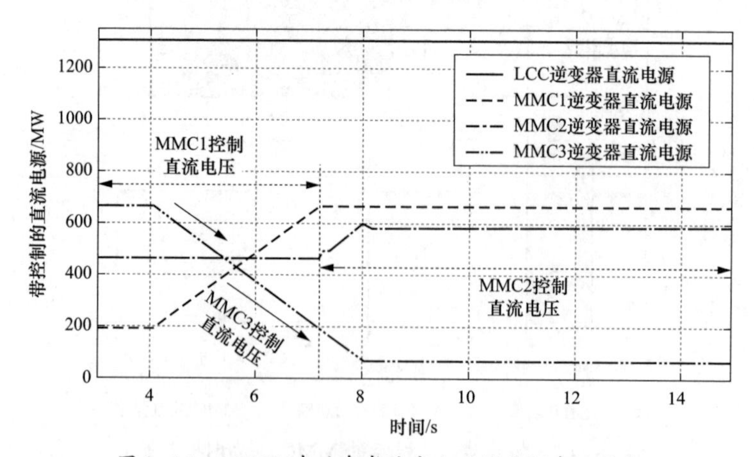

图 8-14　MMC3 有功参考值减小后逆变侧有功功率

电压稳定。

逆变侧故障时的仿真波形如图 8-15～图 8-17 所示，其中故障在 3s 发生在逆变侧 LCC 交流母线，同样将动态限幅器加在 MMC3，由 MMC1 控制直流电压，MMC2 和 MMC3 控制有功功率。

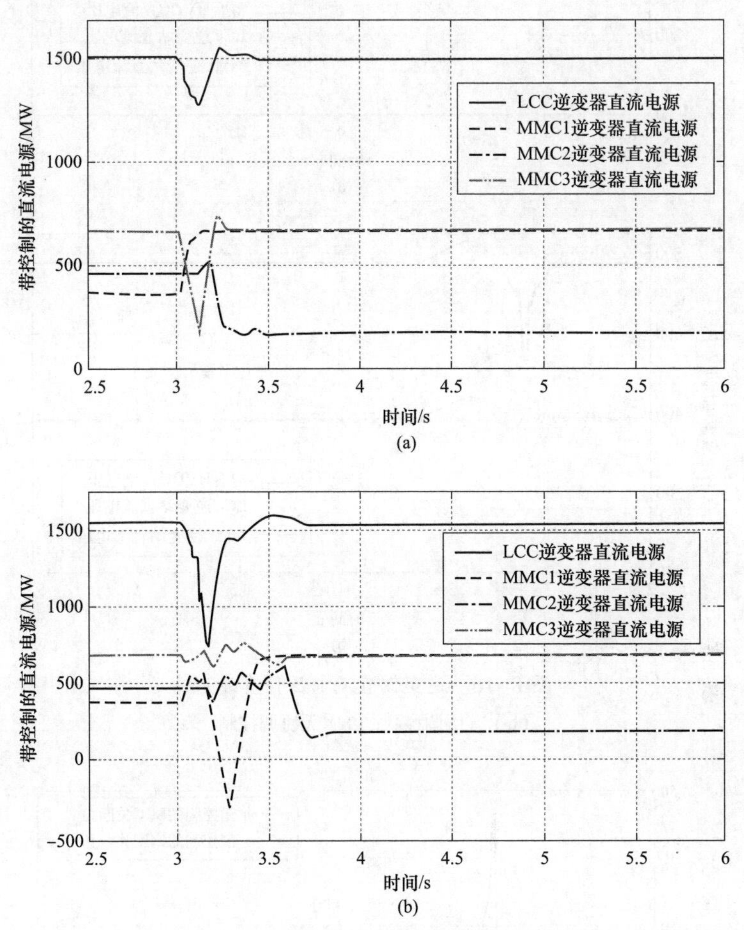

图 8-15　逆变侧故障时逆变侧有功功率仿真波形

（a）有协调控制；（b）无协调控制

由仿真波形可以看出，协调控制策略可以防止逆变侧 LCC 发生换相失败，并且故障情况下可以保证一定的有功功率传输，不会使直流电压崩溃。其余仿真波形如图 8-18～图 8-20 所示。

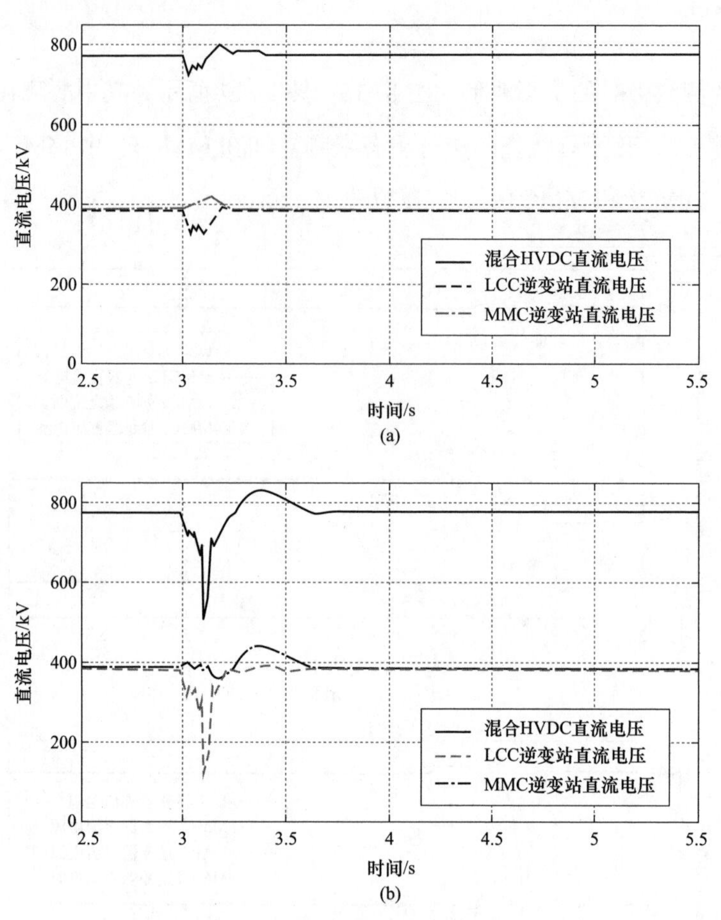

图 8-16 逆变侧直流电压仿真波形

（a）有协调控制；（b）无协调控制

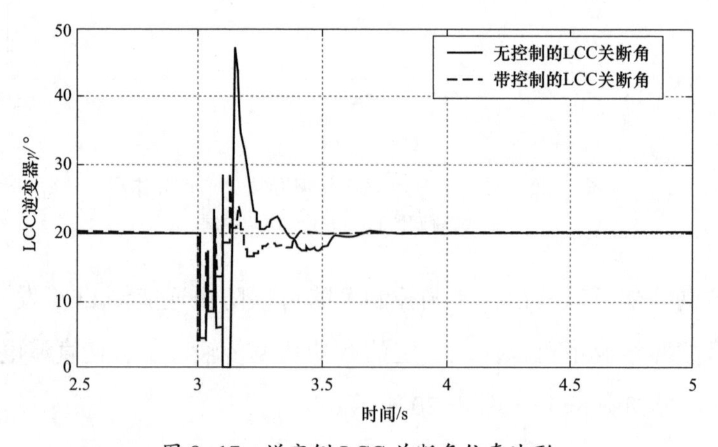

图 8-17 逆变侧 LCC 关断角仿真波形

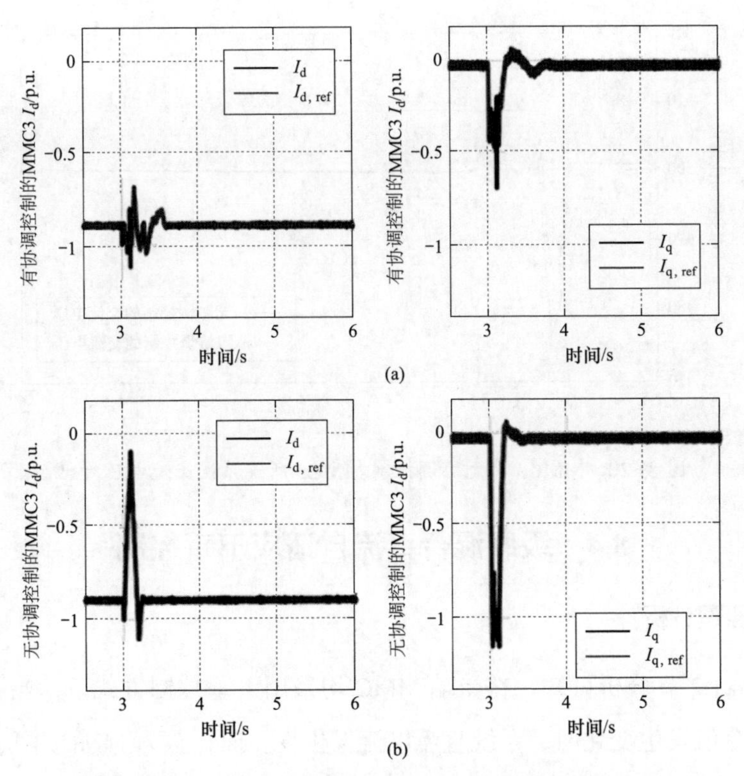

图 8-18　MMC3 有无协调控制 dq 电流值仿真波形对比

（a）有协调控制；（b）无协调控制

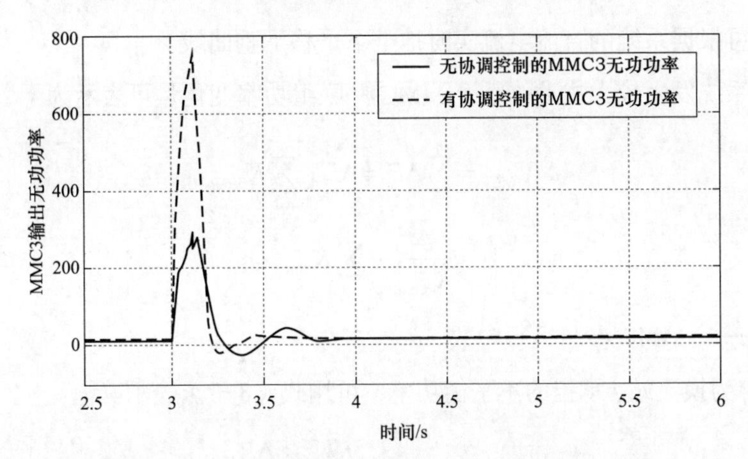

图 8-19　MMC3 有无协调控制无功功率输出仿真波形对比

从图 8-15～图 8-20 可以看出，拥有动态限幅情况下，MMC3 在故障情况输出无功能力大幅提高，有利于提高交流系统的稳定性。

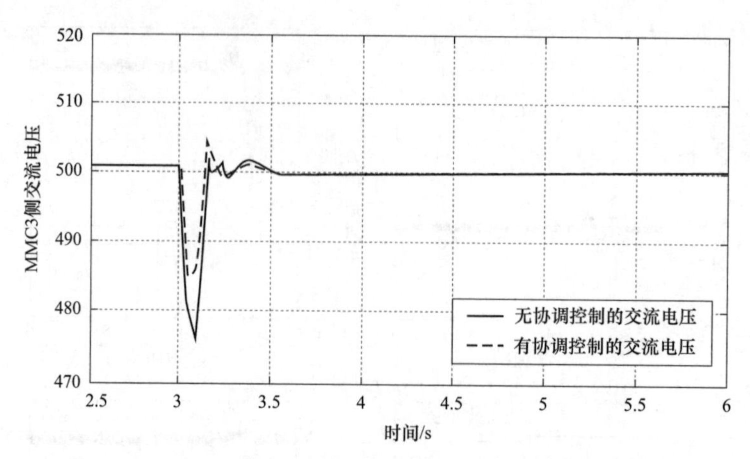

图 8-20　MMC3 有无协调控制 MMC3 所连系统交流电压对比

8.4　级联混合直流自适应下垂控制

8.4.1　原理分析

由 4.1.2 节分析可知，在受端 MMC 均采用下垂控制方式下，当 LCC 的功率指令值发生变化时，系统直流电流发生变化时，输入 MMC 并联组的有功变化，会导致 MMC 直流电压的变化，无法实现直流电压的准确控制。为解决上述问题，本节提出自适应下垂控制策略以实现直流电压的精确控制，该策略可根据系统的直流电流实时地上下平移下垂曲线。

若系统发生较大扰动，整个 MMC 并联组功率变化量可表示为

$$\begin{aligned}\Delta P_{\mathrm{MMC}} &= \sum_{i=1}^{n} \Delta P_i = \Delta U_{\mathrm{dc}} \sum_{i=1}^{n} K_{\mathrm{droop}\_i} \\ &= \frac{\Delta P_j}{K_{\mathrm{droop}\_j}} \sum_{i=1}^{n} K_{\mathrm{droop}\_i}\end{aligned} \tag{8-6}$$

式中　n——MMC 参与运行台数。

ΔP_j 为换流站 j 承担的不平衡功率，可用式（8-7）表示。

$$\Delta P_j = P_{mj} - P_{\mathrm{ref}j} = \frac{K_{\mathrm{droop}\_j} \Delta P_{\mathrm{MMC}}}{\sum_{i=1}^{n} K_{\mathrm{droop}\_i}} \tag{8-7}$$

为实现下垂特性的自动平移，对直流电压参考值进行补偿，m 为补偿量，则下垂特性可改写为

$$U_{dc} = \frac{P_{mj} - P_{refj}}{K_{droop\_j}} + U_{dcref} + m_j \tag{8-8}$$

为保持直流电压的稳定，移动后的下垂曲线应过点（P_{mj}，U_{dcref}），同时将式（8-7）代入式（8-8）中，可得到补偿量为

$$m_j = \frac{(I_{dcref} - I_{dc})U_{dcref}}{\sum_{i=1}^{n} K_{droop\_j}} \tag{8-9}$$

式中　I_{dcref}——系统直流电流额定值；

I_{dc}——系统直流电流测量值。

由式（8-9）可知，所有 MMC 的补偿量 m 都相等。另一方面，对 MMC 的直流电压参考值进行补偿，本质上也相当于对有功功率参考值进行补偿。当 I_{dc} 为额定值时，$m=0$，此时下垂特性不产生移动；当系统直流电流减小，则 $m>0$，下垂特性曲线向上平移；当系统直流电流增大，则 $m<0$，下垂特性曲线向下平移。

自适应下垂控制策略如图 8-21 所示。

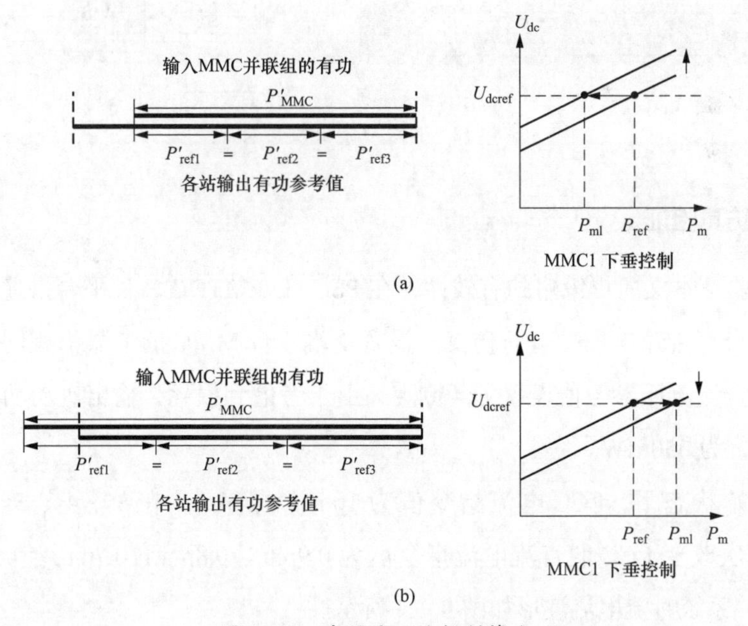

图 8-21　自适应下垂控制策略

（a）系统直流电流减小；（b）系统直流电流增大

以 $n=3$ 为例，当系统直流电流减小，如图 8-21（a）所示，则 $m>0$，此时下垂特性自动向上平移（本质上相当于减小了 MMC 的有功参考值），在保证直流电压仍然为参考电压 U_{dcref} 的前提下，使得 MMC 输出的有功减小。同样地，当系统直流电流增大，如图 8-21（b）所示，则 $m<0$，此时下垂特性自动向下平移（本质上相当于增大了 MMC 的有功参考值），使得 MMC 增大有功输出，同时将直流电压保持为参考电压 U_{dcref}。

自适应下垂控制策略如图 8-22 所示，通过在基本下垂控制上增加直流电压补偿量 m，m 根据系统直流电流 I_{dc} 的变化进行调整，下垂特性可跟踪直流电流的值进行平移，实现自动调节。DBLK 为控制解锁模块，当 MMC 解锁后再启动该控制。同时，为避免下垂特性的频繁移动，当 $\frac{\left|I_{dcref}-I_{dc}\right|}{I_{dcref}}\leqslant 2\%$ 时，闭锁该控制策略，使得 $m=0$。

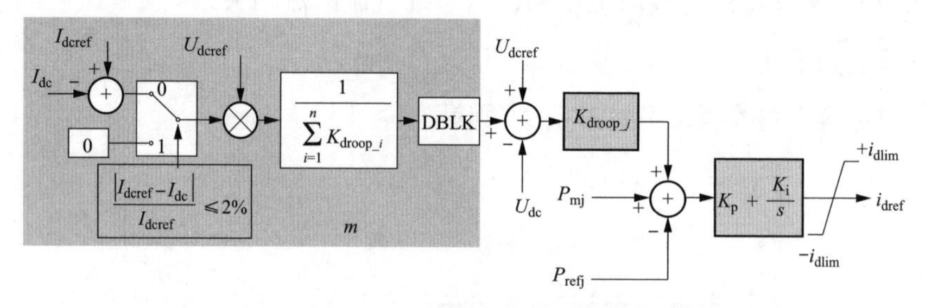

图 8-22　自适应下垂控制策略

8.4.2　仿真验证

为验证本文所提策略的有效性，在 PSCAD/EMTDC 软件平台搭建多落点级联混合直流输电模型进行仿真。设置受端 3 台 MMC 的参数都相同，下垂控制的直流电压参考值设置为 400kV，由于考虑到损耗，输出有功功率参考值均设置为 650MW。

初始状态下，LCC 电流指令值为 1p.u.，即 5kA。在 3s、4s、5s、6s 和 7s 时依次改变 LCC 的直流电流指令值为 0.9p.u.、0.8p.u.、0.7p.u.、0.6p.u. 和 0.5p.u.，系统直流电流波形如图 8-23 所示。

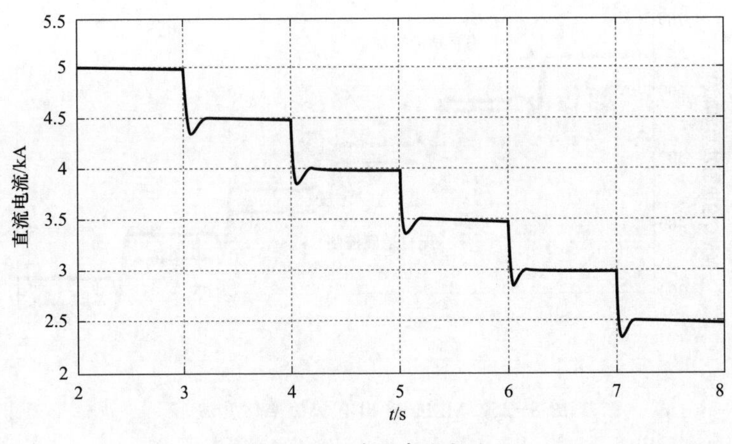

图 8-23　系统直流电流

分别在无自适应下垂控制和采用自适应下垂控制的两种情况下进行仿真，仿真波形如图 8-24 和图 8-25 所示。无自适应下垂控制的情况下，MMC 的直流电压随着系统直流电流的减小而降低，无法精确控制直流电压；采取所提自适应下垂控制后，直流电压补偿量 m 根据系统直流电流 I_{dc} 的变化进行实时调整，自动平移 MMC 的下垂特性，可控制直流电压保持为额定值。

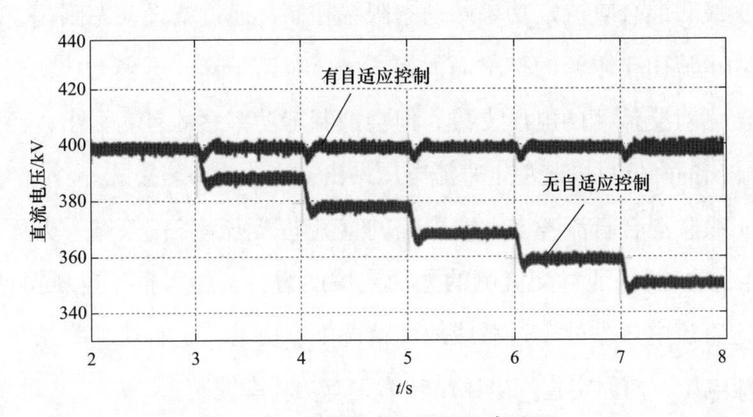

图 8-24　MMC 直流电压仿真波形

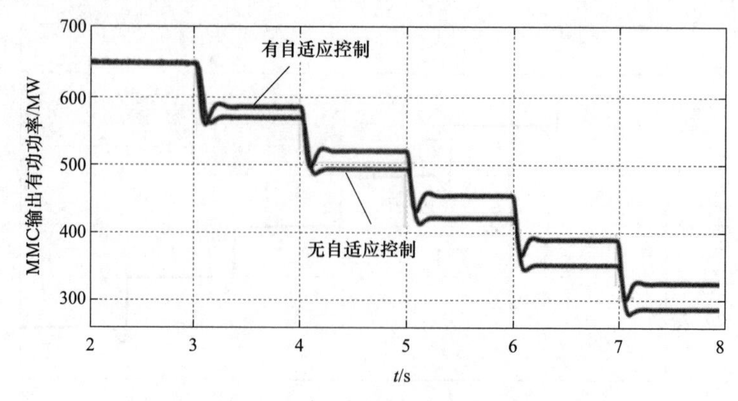

图 8-25　MMC 输出有功功率仿真波形

8.5　本　章　小　结

根据本章内容分析，可以得出如下结论。

（1）级联混合直流有功 MMC 协调控制策略旨在保持定直流电压站的有功输出为正常工作情况下的值，故障及过载情况下，多余的有功需求由两个定有功功率的 MMC 来承担，通过这种方式保证定直流电压站不会转为整流运行，可有效提高系统稳定性。

（2）级联混合直流定功率站动态限幅控制，通过增设动态限幅，定功率站的无功电流由于限幅的扩增而大幅增加，有助于释放更多无功功率以提升柔直换流站对交流侧的电压支撑，但会抑制定功率站的有功输出，而定功率站有功输出的降低可以避免定直流电压站由逆变改为整流模式。

（3）级联混合直流考虑动态限幅的直流电压协调控制策略一方面通过加入动态限幅，既保证对交流侧的无功支撑能力，又加入直流电压协调控制，当原始定直流电压站处于过载或故障情况下，由某一定有功功率站自动转为控制直流电压，而原定直流电压站转为定有功功率控制。

（4）级联混合直流自适应下垂控制策略可根据系统直流电流的变化，实时自适应调节 MMC 的下垂特性，避免 MMC 的直流电压随直流电流的变化而产生波动，实现直流电压的准确控制。